基于数字孪生技术的柔性制造系统

主　编　李　杨　王洪荣　邹　军
副主编　王　伟　江　河　翟鑫梦　黄　佳　孙　莉

U0259842

上海科学技术出版社

内 容 提 要

本书以串联、并联数字孪生技术和柔性制造系统两部分内容为基础，从基础理论、实践案例着手，深入浅出地展开讨论，着重介绍了数字孪生技术和柔性制造系统的基本原理及在工程实际中的应用。其中，数字孪生技术主要介绍了数字孪生的仿真基础，柔性制造系统主要介绍了柔性制造系统的核心技术、模块、系统及自动化控制技术，并详细阐述了数字孪生技术在柔性制造系统的应用等。

本书可作为工科院校制造专业高年级学生必修课或选修课教材，也可作为相关专业工程技术人员的参考材料。

图书在版编目（CIP）数据

基于数字孪生技术的柔性制造系统 / 李杨，王洪荣，邹军主编. -- 上海 : 上海科学技术出版社，2020.8(2023.2重印)
ISBN 978-7-5478-4963-7

Ⅰ. ①基… Ⅱ. ①李… ②王… ③邹… Ⅲ. ①柔性制造系统－高等学校－教材 Ⅳ. ①TH165

中国版本图书馆CIP数据核字(2020)第099113号

基于数字孪生技术的柔性制造系统
主编 李 杨 王洪荣 邹 军

上海世纪出版(集团)有限公司
上 海 科 学 技 术 出 版 社 出版、发行
(上海市闵行区号景路159弄A座9F-10F)
邮政编码 201101 www.sstp.cn
上海当纳利印刷有限公司印刷
开本 787×1092 1/16 印张 9.25
字数：200 千字
2020年8月第1版 2023年2月第4次印刷
ISBN 978-7-5478-4963-7/TB·12
定价：55.00元

本书如有缺页、错装或坏损等严重质量问题，
请向工厂联系调换

编委会

主　编　李　杨　王洪荣　邹　军

副主编　王　伟　江　河　翟鑫梦　黄　佳
孙　莉

编　委　（以姓氏笔画为序）
石明明　苏晓锋　李抒智　杨建华
张明鹏　陈建国　施成章　郭　磊

前言

随着新一代信息通信技术的不断发展，柔性制造逐渐趋于智能化，如何充分利用物联网、人工智能和大数据等先进技术为柔性制造提供智能化的调度支持，实现及时交货、提高客户满意度，成为提升企业竞争力的关键问题。柔性制造系统是一个技术复杂、高度自动化的系统，它将微电子、计算机和系统工程等技术有机地结合起来，圆满地解决了机械制造高自动化与高柔性化之间的矛盾。数字孪生正在与人工智能技术深度结合，促进信息空间与物理空间的实时交互与融合，以在信息化平台内进行更加真实的数字化模拟。将数字孪生系统与机器学习框架相结合，数字孪生系统可以根据多重的反馈源数据进行自我学习，从而几乎实时地在数字世界里呈现物理实体的真实状况，并能够对即将发生的事件进行推测和预演，实现制造的物理空间和信息空间的互联互通。智能化操作是实现智能制造的关键，也是智能化调度的关键，是提高调度自主性、智能性和预测性的有效途径。为此，本书结合当前柔性制造系统和数字孪生技术的研发和应用情况，用简易、直观的方式将柔性制造介绍给大家，目的是为了给学习者提供直观的、一般性的感性知识，并了解一些背景材料，为今后进一步研究及应用打下基础。

(1) 提出了数字孪生驱动的柔性制造新模式。针对现有的柔性制造缺乏物理信息空间融合的问题，结合数字孪生，提出了一种基于知识的数字孪生驱动的柔性制造新模式，构建了柔性制造新模式的总体框架，并设计了该框架下的数据智能化实时采集、大数据融合与管理等相关内容。

(2) 建立了数字孪生驱动的柔性制造的相关数据采集与融合模型。针对柔性制造问题，结合大数据技术设计了实时数据采集，使实体与虚体双向传输信号，为柔性制造系统智能化打下基础。

本书既有较为深入的理论阐述，又有实用性较强的应用技术，旨在为从事该专业的读者提供一本介绍基于数字孪生技术的柔性制造系统的著作。希望本书的出版能够对我国柔性制造行业先进理念的更新及大面积推广起到积极的推动作用。

本书由李杨、王洪荣、邹军制定编写大纲并组建编写组以收集近年来国内外发展成果和工程实践案例，由王伟、江河、翟鑫梦、黄佳、石明明、施成章、郭磊、张明鹏、苏晓锋、陈建国、杨建华、李抒智、孙莉等专家分工研写，最后由李杨、石明明审定成稿。

本书编写过程中得到了上海赞匠智能科技有限公司、烟台华创智能装备有限公司、湖北晶日光能科技股份有限公司、湖北追日电气设备有限公司、上海光学精密机械研究所、上海应用技术大学、襄阳汽车职业技术学院等单位的大力支持，以上单位的大量研究成果为本书编写提供了丰富的相关数据,在此表示衷心的感谢。

本书共有7章组成：第1章介绍数字孪生技术与柔性制造之间的联系,主要由石明明、李杨、王洪荣、江河负责编写;第2章对数字孪生技术进行详细的说明,主要由施成章、王洪荣、邹军、郭磊、江河负责编写;第3章介绍了柔性制造系统的核心技术,主要由张明鹏、李杨、邹军、苏晓锋、翟鑫梦、孙莉负责编写;第4章介绍了柔性制造系统的构成,主要由李杨、邹军、陈建国、杨建华、王伟负责编写;第5章介绍了柔性制造系统的模块,主要由王洪荣、施成章、王伟、李抒智、孙莉、邹军负责编写;第6章介绍了柔性制造系统的控制技术,主要由李杨、邹军、王洪荣、施成章、孙莉、黄佳负责编写;第7章介绍了工业机器人在柔性制造系统中的应用,主要由孙莉、李抒智、江河、李杨编写。

由于编写工作时间紧迫,加之编者水平有限,书中内容难免有不妥之处,恳请专家、读者批评指正。

编　者

2020年8月

目 录

第1章

绪 论

1.1 柔性制造系统概述

1.1.1 发展历程

制造是人类按照所需目的，利用掌握的知识与技能，借助手工或工具，采用有效的方法将原材料转化为最终物质产品，并投放市场的全过程。制造不仅是指单独的加工过程，还包括市场调研与预测、产品设计、选材与工艺设计、生产加工、质量保证、生产过程管理、营销和售后服务等产品寿命周期内一系列的活动。制造出的产品是用来满足顾客的需要，因此为了使顾客心甘情愿地掏钱买东西，并使自己的产品占据越来越大的市场份额，获得最大的利润，就必须想方设法地满足顾客的要求，不断地改进制造技术、降低生产成本、提高产品质量和改善售后服务。在当今的买方市场中，“顾客第一”已成为制造业的共识，也就是说，为了提高企业竞争力，就必须提高人员素质、改进组织机构与经营管理水平，以及提高产品设计制造水平等，在“竞争五要素”上狠下工夫：

(1) 能够开发市场急需的、功能实用的和满足用户要求的产品。在这里强调功能的实用性，不片面追求高科技和功能的全面先进性，因为先进不等于实用。

(2) 能够在最短的时间内将产品投放市场或送到用户手中。这是衡量竞争力的一个重要指标。

(3) 能够制造出品质优秀的产品。只有质量好的产品才能得到顾客的青睐。产品质量的内容主要是指工作性能、外观造型、噪声、振动、能耗、可维修性、可回收性及宜人性等。

(4) 能够向市场提供价格低廉的产品。价格往往是顾客购物时首先考虑的因素。为了降低产品的价格，除了减少“冗余”功能外，还应该在经营管理水平及产品设计等方面采取措施。

(5) 能够向用户提供优良的服务。这包括售前的技术咨询、产品性能演示及售后周到的培训与维修，应该努力提高产品销售人员的业务素质，建立完善的销售、培训和维修网。

制造技术的发展与人类文明的进步密切相关，并互相促进。在石器时代，人类利用天然石料制作劳动工具，采集自然资源为主要生活手段。到青铜器、铁器时代，人们开始采矿、冶炼、铸锻、织布及打造工具，满足以农业为主的自然经济的需要，生产方式是作坊式手工业。1765年，瓦特发明蒸汽机，纺织业和机械制造业发生了革命性的变化，引发了第一次工业革命，开始出现近代工业化大生产。1820年，奥斯特发现电磁效应，安培提出电流相互作用定律。1831年法拉第提出电磁感应定律，1864年麦克斯韦电磁场理论的建立，为发电机、电动机的发明奠定了基础，从而迎来了电气化时代。以电作为动力源改变了机器的结构，开拓了机电制造的新局面。19世纪末、20世纪初，内燃机的发明使汽车进入欧美家庭，引发了制造业的又一次革命。流水线及泰勒管理方法应运而生，进入大批量生产时代，尤其是汽车工业和兵器工业，为第二次世界大战的大规模军工生产奠定了物质基础、技术基础，并积累了管理经验。第二次世界大战后市场需求的多样化、个性化、高品质趋势推动了微电子技术、计算机技术和自动化技术的飞速发展，导致了制造技术向程序控制的方向发展，柔性制造单元、柔性生产线、计算机集成制造及精益生产等相继问世，制造技术由此进入了面向市场多样需求柔性生产的新阶段，引发了生产模式和管理技术的革命；20 世纪 50—60 年代以来，一些工业发达的国家和地区在达到了高度工业化的水平以后，就开始了从工业社会向信息社会转化的过程，形成了一个从工业社会向信息社会过渡的时期。这个时期的主要特征是电子计算机、遗传工程、光导纤维、激光和海洋开发等技术的日益广泛而深入的应用。

对机械制造业发展影响最大的是电子计算机的应用，出现了机电一体化的新概念，出现了一系列如机床数字控制、计算机数字控制、计算机直接控制（又称“群控群管理”）、计算机辅助制造、计算机辅助设计、成组技术、计算机辅助工艺规程设计、计算机辅助几何图形设计和工业机器人等新技术。

这些新技术的产生有多种内在的和外部的因素，但最根本的是以下两个。

1）市场发展的需要

从市场的特点来看，20 世纪初，工业化形成的初期，市场对产品有充分的需要。这一时期的特点是产品品种单一、生命周期长、产品数量迅速增加，各类产品的开发、生产和出售主要由少数企业控制，促使制造企业通过采用自动机或自动生产线提高生产率来满足市场的需求。

20 世纪 60 年代以后，世界市场发生了很大的变化，对许多产品的需求呈现饱和趋势。在这种饱和的市场中，制造企业面临着激烈的竞争，企业为了赢得竞争就必须按照用户的不同要求开发新产品。这个时期市场的变化，归纳起来有以下一些特征：

(1) 产品品种日益增多，为了竞争的需要，生产企业必须根据用户的不同要求开发新产品。为适应品种的多变，企业必须改变旧有的适用于大批量生产的生产方式，代之以应变能力强的、能很快适应生产新产品的生产方式，寻求一条有效的途径解决单件小批量生产的自动化问题。

(2) 产品生命周期明显缩短。由于生产生活的需要对产品的功能不断提出新的要求，同时由于技术的进步为产品的不断更新提供了可能，从而使产品的生命周期越来越短。以汽车为例，1970 年平均生命周期为 12 年，1980 年缩短为 4 年，1990 年仅为 18 个月，2000 年缩短为 1 年左右。

(3) 产品交货期的缩短。缩短从订货到交货的周期是赢得竞争的重要手段。据报道，美国公司的交货期最少可缩短为几十小时。

2）科学发展到一个新阶段，为新技术的出现提供了一种可能

从科学技术的发展条件来看，近 40 年来，科学技术在各个领域发生了深刻变化，出现了新的飞跃。相关资料显示，人类掌握的科学知识在 19 世纪是每 50 年增加 1 倍，20 世纪中叶每 10 年增加 1 倍，20 世纪 70 年代每 6 年增加 1 倍，目前每 2～3 年增加 1 倍。

1945 年美国制造出第一台电子计算机，以后经历了电子管、晶体管、小规模集成电路、大规模和超大规模集成电路的发展过程。

计算机的发展和应用给制造业带来了深刻的变化，出现了一系列新技术，如计算机辅助制造系统、柔性制造系统和计算机集成制造系统等。经过 30 年的发展，这些技术日益成熟，已部

分或全部应用于生产实际。与此同时，自动控制理论、制造工艺及生产管理科学也都有了日新月异的变化，这就为柔性制造系统的产生提供了基础。

计算机辅助制造技术的发展应从数控机床的发展算起，自1952年美国麻省理工学院研制成功第一台数控铣床，计算机辅助制造技术就被公认为是解决单件小批量生产自动化的有效途径。此后，随着控制元器件方面的不断革新，电子管、晶体管和大规模集成电路的相继出现，仅用了20年就发生了四次根本性的变革。与此同时，机床本身也在机械结构和功能方面有了极大的发展，滚珠丝杠、滚动导轨和变频变速主轴的应用，加工中心的出现，都给机床结构带来了极大的变化。伺服系统也从步进电动机、直流伺服到交流伺服，控制理论方面也有了长足进步。

20世纪70年代初期出现了计算机数控系统，给计算机软件的发展带来了一个极大的转机，过去的硬件数控系统要进行某些改变或增加一些功能，都要重新进行结构设计，而计算机数控系统只要对软件进行必要的修改，就可以适应新的要求。与此同时，工业机器人和自动上下料机构、交换工作台和自动换刀装置都有很大的发展，于是出现了自动化程度更高、柔性更强的柔性制造单元，又由于自动编程技术和计算机通信技术的发展而出现了一台大型计算机控制若干台机床或由中央计算机控制若干台计算机数控系统机床的计算机直接控制系统，即分布式数控。

20世纪70年代末、80年代初，计算机辅助管理物料自动搬运、刀具管理和计算机网络数据库的发展及CAD/CAM技术的成熟，出现了更加系统化、规模更加扩大的柔性制造系统。

纵观世界的工业发展，从20世纪初到80年代，以大量生产为代表的先进制造方式曾经创造过辉煌。在1955年的全盛时期，美国汽车制造业创造出年产700万辆汽车并占据世界汽车总销售量75%的记录，通过广泛应用专用高效机床、组合机床、单品种加工自动线和流水装配线等制造技术，使汽车的装配周期从过去单件装配方式的514 min缩短为19 min。大量生产创造了比单件生产高数百倍的生产效率，成为世界主导的生产方式传播到各工业国家，甚至连欧洲最保守的奔驰公司也向大量生产方式转变。美国汽车产量在1965年达到了930万辆，1973年达1 260万辆，在经济衰退期的1993年还接近1 000万辆。但随着经济的发展，世界经济的构成出现了多元化，经济和科技的发展使市场日益国际化、全球化，用户对产品的需求日益多样化、个性化，竞争更加激烈。日本汽车工业摒弃了大量生产方式在人力资源、库存资金积压上造成的极大浪费，特别是单一品种生产对市场变化的需求极不适应的种种弊端，发展了按市场订单进行及时生产的丰田汽车模式，即精益生产模式。日本汽车从1950年仅生产67万辆，到1970年已达530万辆，1980年达到1 000万辆，开始超过美国。20世纪60—80年代，以数控机床应用为基础的柔性制造技术在汽车、飞机及其他行业中得到发展，其应用结果表明，柔性制造适用于多品种、变批量产品的生产。80年代末，柔性制造技术发展了以数控加工中心、数控加工模块及多轴加工模块组成的柔性自动线，使自动线柔性化，给单一品种的大量生产方式带来了转机，正在不断发展和进步的柔性制造方式将是适应21世纪工业生产的主导方式。改革开放以来，中国的制造业有了很大的进步，产品的外观和包装有了很大的提高，产品的花样和品种也增加了很多，已有不少产品打入了国际市场。但与工业发达国家相比，除了价格优势外，在功能、质量、投放市场时间和售后服务等方面均存在一定的差距。中国政府及社会各界人士已充分认识到了这个问题，积极商量对策，采取多种措施，赶上世界潮流，在2002年12月召开的中国机械工程学会的年会上，就把“制造业与未来中国”作为大会的主题。放眼世界，随着经济全球化进程日益加快，新一轮的世界产业结构调整正在不断推进，国际分工正在更为宽广的领域中展开。如何在全球经济格局中占据有利位置，如何应对高科技时代的激烈竞争，如何化解全球化这把双刃剑可能带来的伤害，如何赢得未来世界对自己国家和民族的尊重，已经成为各国必须应答的命题。

从制造业的发展历程可看出：制造技术沿革总是在市场需求和科技发展这两方面的推动作用下演化的，当前制造技术的前沿已发展到以信息密集的柔性自动化生产方式满足多品种、变批量的市场需求，并开始向知识密集的智能自动化方向发展。

1.1.2 系统特征

柔性制造系统(flexible manufacture system, FMS)是由数控加工设备、物料运储装置和计算机控制系统等组成的自动化制造系统，其包括多个柔性制造单元，能根据制造任务或生产环境的变化迅速进行调整，适用于多品种、中小批量生产。FMS的工艺基础是成组技术，它按照成组的加工对象确定工艺过程，可以按照计算机辅助工艺过程的派生法组织生产，选择相适应的数控加工设备、工件和工具等物料的储运系统，并由计算机进行控制，能自动调整并实现一定范围内多种工件的成批高效生产(即具有"柔性")，可以及时地改变产品以满足市场需求。柔性制造系统兼有加工制造和部分生产管理两种功能，因此能综合地提高生产效益。柔性制造系统的两个主要特点就是柔性和自动化，其他特点如下：

(1) 柔性高，适应多品种中小批量生产。

(2) 系统内的机床工艺能力上是相互补充和相互替代的。

(3) 可混流加工不同的零件。

(4) 系统局部调整或维修时，不中断整个系统的运作。

(5) 多层计算机控制，可以和上层计算机联网。

(6) 可进行三班无人干预生产。

1.1.2.1 柔性化

"柔性"是相对于"刚性"而言的，传统的"刚性"自动化生产线主要实现单一品种的大批量生产，其优点是生产率很高，由于设备是固定的，所以设备利用率也很高，单件产品的成本低。但只能加工一个或几个相类似的零件，难以应付多品种中小批量的生产。一个理想的FMS应具备八种柔性：设备柔性、工艺柔性、产品柔性、工序柔性、运行柔性、批量柔性、扩展柔性和生产柔性。

1) 设备柔性

设备柔性是指系统中的加工设备具有适应加工对象变化的能力。其衡量指标是当加工对象的类、族和品种变化时，加工设备所需刀、夹、铺具的准备和更换时间；硬、软件的交换与调整时间；加工程序的准备与调校时间等。

2) 工艺柔性

工艺柔性是指系统能以多种方法加工某一族工件的能力，也称"加工柔性"或"混流柔性"，其衡量指标是系统不采用成批生产方式而同时加工的工件品种数。

3) 产品柔性

产品柔性是指系统能够经济而迅速地转换到生产一族新产品的能力，也称"反应柔性"。衡量产品柔性的指标是系统从加工一族工件转向加工另一族工件时所需的时间。

4) 工序柔性

工序柔性是指系统改变每种工件加工工序先后顺序的能力。其衡量指标是系统以实时方式进行工艺决策和现场调度的水平。

5）运行柔性

运行柔性是指系统处理其局部故障，并维持继续生产原定工件族的能力。其衡量指标是系统发生故障时生产率的下降程度或处理故障所需的时间。

6）批量柔性

批量柔性是指系统在成本核算上能适应不同批量的能力。其衡量指标是系统保持经济效益的最小运行批量。

7）扩展柔性

扩展柔性是指系统能根据生产需要方便地模块化进行组建和扩展的能力。其衡量指标是系统可扩展的规模大小和难易程度。

8）生产柔性

生产柔性是指系统适应生产对象变换的范围和综合能力。其衡量指标是前述七项柔性的总和。

在综合性的专业实验室里，主要传授与实践有关的教学内容和实际的操作技能，在建立综合性的专业实验室时，必须考虑使学习的内容与劳动过程紧密结合。因此，所要建立的模块化柔性制造系统具备了下述重要特性：

(1) 工业标准化特性。在系统中绝大部分的设备和器件都符合工业标准，尽可能不使用过分简化了的教学设备与器件，使学生可以在一个能反映真实生产过程的系统中学到专业知识与操作技能。

(2) 模块化特性。系统被设计成具有模块化的特性，也就是系统中的每个功能部件都能独立运行，重要的功能部件应该是分布式控制的。在学习过程中，学生不仅可以对各个功能部件进行操作，而且还可以根据不同的教学内容增减功能部件，功能部件的增减同时又不影响系统中其他功能部件的运行。

(3) 结构的开放性和兼容性。由于电子技术、信息技术和自动化技术的快速发展，所建系统必须与变化了的技术要求相匹配。在设计该系统时，我们充分考虑了其硬件结构与软件系统的开放性和兼容性，使得组成该系统的设备不仅能与当今其他设备相组合和匹配，而且还具有进一步开发的可能性，为将来技术更新留有余地。

(4) 学习的实践特性。学生在综合性的专业实验室中学习时应该具有创造性劳动的可能性，也就是允许学生对某些设备进行拆装、更改，以使他们能够真正学到生产实际所需的专业技能。在该系统中采用的元器件虽然是工业用的，但是在设计这些元器件时已经充分考虑到了拆装的方便性。所以学生能较容易地把建好的系统重新拆开，然后再组装起来，而且还可以通过增减器件来对系统的配置进行重构。

(5) 现代教学特性。在现代职业劳动中，劳动组织形式是以小组劳动为特征的，在职业技术教育中，学生在学校就应该了解并习惯于这种劳动组织形式。模块化柔性制造实验系统为学生提供了这种可能性，这是因为每个功能部件都能独立运行，各功能部件又通过局域网络相连接，通过协调控制连成一个系统。当学生在该系统中学习时，可以将“构建系统”作为一个学习课题，先构思出整个系统的方案，然后各小组分别对各功能部件进行设计、安装、编程和调试。在各功能部件调试通过之后，将组合系统进行整体调试。

1.1.2.2 自动化

1）按零件加工顺序配置机床的系统

根据被加工零件的加工顺序选择机床，并用一个物料储运系统将机床连接起来，机床间在加工内容方面相互补充。工件借助一个装卸站送入系统，并由此开始，在计算机控制下，由一个加工站送至另一个加工站，连续完成各加工工序。通常工件在系统中的输送路径是固定的，但是不同的机床也能加工不同的工件。

2) 机床可相互替换的系统

这类柔性制造系统在设备出现故障时，能用替换机床保持整个系统继续工作。在一个由几台加工中心、一个存储系统和一个穿梭式物料输送线组成的柔性制造系统中，工件可以送至任何一台加工中心，它们都有相应的刀具来加工零件。计算机具有记忆每台机床的状态，并能在机床空闲时分配工件去加工的能力。每台机床都配有能根据指令选用刀具的换刀机械手，能完成部分或全部加工工序。该系统中还具有机床刀库的更换和存储系统，以保证为加工多种零件所需的刀具量。这类柔性制造系统的最大优点是设备发生故障时，只有部分系统停工，工件的班产量有所降低，但不会造成停产。

3) 混合型系统

实际生产中常常采用既按工序选择，又具有替换机床的柔性制造系统，这就是混合型系统。系统内同类机床间具有相互替换的能力。

4) 具有集中式刀具储运系统的柔性制造系统

这种集中式储刀装置可以是与机载刀库交换的备用刀库，也可以是与机床多轴主轴箱交换的备用主轴箱。系统中的刀具都按工件的加工要求集中布置在若干个储刀装置中，当所加工任务确定后，控制系统选出相应的多轴箱或备用刀库送至机床，来完成工序的加工要求。通过对以上的柔性制造系统一些基本的概念和定义，现在接着对该系统的特征进行分析。柔性制造系统主要的特征为生产柔性、生产效率、技术利用率、系统可靠性和投资强度比。

(1) 生产柔性。针对自动化生产线来讲的，如果通过重新的组合和调整容易完成其他类型的产品的生产，就称柔性好，只能适应单一产品的生产就是不具有柔性。

(2) 生产效率。指固定投入量下，制造的实际产出与最大产出两者间的比率。可反映出达成最大产出、预定目标或是最佳营运服务的程度。亦可衡量经济个体在产出量、成本、收入和利润等目标下的绩效。

(3) 技术利用率。在该系统中的一些新技术如传感器的用法、新元件的加入等。

(4) 系统可靠性。随着科学技术的发展，现代化的机器、技术装备、交通工具和探索工具越来越复杂。这些机器和设备的可靠性受到了人们的广泛重视。

(5) 投资强度比。简单地说就是投入资金的多少，它与该系统功能和效率成什么比例。

1.1.3 系统构成单元

柔性制造技术(FMT)是建立在数控设备应用基础上的，正在随着制造企业技术进步而不断发展的新兴技术，是一种主要用于多品种、中小批量或变批量生产的制造自动化技术，它是对各种不同形状加工对象进行有效且适应性转化为成品的各种技术的总称。

FMT是电子计算机技术在生产过程及其装备上的应用，是将微电子技术、智能化技术与传统加工技术融合在一起，具有先进性、柔性化、自动化和效率高的制造技术，FMT是在机械转换、刀具更换、夹具可调和模具转位等硬件柔性化的基础上发展而成为自动变换、人机对话转换和智能化任意变化地对不同加工对象实现程序化柔性制造加工的一种崭新技术，是自动化制造系统的基本单元技术。

FMT有多种不同的应用形式，按照制造系统的规模、柔性和其他特征，柔性自动化可分为以下形式：柔性制造单元(FMC)、柔性生产线(FML)、柔性制造系统(FMS)和以柔性制造系统为主体的自动化工厂。概括地说，凡是在计算机辅助设计、辅助制造系统支持下，采用数控设备、分布式数控设备、柔性制造单元、柔性制造系统、柔性自动线和柔性装配系统等具有一定制造柔性的制造自动化技术，都属于 FMT 的应用范围。FMT 是在数控机床研制和应用的基础上发展起来的，考察其背景，则离不开计算机技术、微电子技术的发展。

为了获得较明确的技术概念，对 FMT 各构成单元说明如下：

(1) 数控设备是一种机床或工业加工设备(包括焊机、金属成形及钣金加工设备等)，其加工运动的轨迹或加工顺序是由数字代码指令确定的，它通常是用计算机辅助制造软件工具生成的。

(2) 计算机数控是一种具有内装式专用小型计算机的数控系统。

(3) 计算机直接数控是将一组数控设备连接到一个公共计算机存储器的系统，该存储器能按需要在线地分配数控指令给数控设备的控制器。

(4) 分布式数控是能将主控计算机存储器中存储的各个零件加工的计算机数控程序，通过分布式前端控制器(也称"工作站")分配、发送到数控设备的控制器去，并能采集数控设备上报的工况信息的系统。

(5) 加工中心是一种带有刀库和自动换刀功能的多工序加工的数控机床，如钻、镗、铣、车削和车铣加工中心等。

(6) 柔性制造系统是一个在中央计算机控制下由两台以上配有自动换刀及自动换工件托盘的数控机床与为之供应刀具和工件托盘的物料运送装置组成的制造系统，它具有生产负荷平衡调度和对制造过程实时监控功能及制造多种零件族的柔性自动化。

(7) 柔性制造单元通常是由一台加工中心、一组公共工件托盘及其传送装置组成的，工件托盘按单一方向传送，传送装置的循环起点是工件装卸工位，控制系统没有生产调度功能(少数 FMC 由多台加工中心组成，具有初步的调度功能)。

(8) 柔性自动线由多台柔性加工设备及一套自动工件传送装置和控制管理计算机组成。柔性加工设备可以是 1～3 坐标数控加工模块、多轴加工模块(转塔式或自动换箱式)或数控加工中心的组合，工件按传送线流向顺序加工，适合于大批量生产，并具有加工零件品种在一定范围内变化的制造柔性。

(9) 柔性装配系统由控制计算机、若干工业机器人、专用装配机及自动传送线和线间运载装置(包括自动导引运输车、滚道式传送器)组成。用于印刷电路板插装电子器件、各种电动机和机械部件等的自动装配。

1.1.4 系统的分类

由于柔性制造系统还在发展中，所以目前对于柔性制造系统的概念还没有统一的定义，它作为一种新的制造技术的代表，不仅在零件的加工，而且在与加工有关的领域里也得到了越来越广泛的应用，这就决定了 FMS 组成和机理的多样性。

FMS 具有较好的柔性，但是这并不意味着一条 FMS 就能生产所有类型的产品。事实上，现有的柔性制造系统都只能制造一定种类的产品。据统计，从工件形状来看，95%的 FMS 用于加工箱体类或回转体类工件。从工件种类来看，很少有加工 20 种产品以上的 FMS，多数系统只能加工 10 多个品种。现有的 FMS 大致可分为三种类型。

1) 专用型

以一定产品配件为加工对象组成的专用 FMS，如汽车底盘柔性加工系统。

2) 监视型

具有自我检测和校正功能的 FMS。其监视系统的主要功能如下：

(1) 工作进度监视。包括运动程序、循环时间和自动电源切断的监视。

(2) 运动状态的监视。包括刀具破损检测、工具异常检测、刀具寿命管理和工夹具的识别等。

(3) 精度监视。包括镗孔自动测量、自动曲面测量、自动定位中心补偿、刀尖自动调整和传感系统。

(4) 故障监视。包括自动诊断监控和自动修复。

(5) 安全监视。包括障碍物、火灾的预检。

3) 随机任务型可同时加工多种相似工件的 FMS

在加工中、小批量相似工件(如回转体类、箱体类及一般对称体工件等)的 FMS 中,具有不同的自动化传送方式和存储装置,配备有高速数控机床、加工中心和加工单元,有的 FMS 可以加工近百种工艺相近的工件。与传统加工方法相比,该类型 FMS 的优点是:

(1) 生产效率可提高 140%~200%。

(2) 工件传送时间可缩短 40%~60%。

(3) 生产面积利用率可提高 20%~40%。

(4) 设备(数控机床)利用率每班可达 95%。

1.1.5 系统的组成及发展趋势

1) 柔性制造系统的组成

各种定义的描述方法虽然不同,但它们都反映了 FMS 应具备以下特征:

(1) 从硬件的形式看它由三部分组成:①两台以上的数控机床或加工中心及其他的加工设备,包括测量机、各种特种加工设备等;②一套能自动装卸的运储系统,包括刀具的运储和工件原材料的运储,具体可采用传送带、有轨小车、无轨小车、搬运机器人、上下料托盘和交换工作站等;③一套计算机控制及信息通信网络控制系统。

(2) 从软件内容看主要包括:①FMS 的运行控制;②FMS 的质量保证;③FMS 的数据管理和通信网络。

(3) FMS 的功能主要包括:①能自动进行零件的批量生产,自动控制制造质量,自动进行故障诊断及处理,自动进行信息收集及传输;②简单地改变软件,便能制造出某一零件族的任何零件;③物料的运输和存储必须是自动的(包括刀具等工装和工件);④能解决多种机床条件下零件的混流加工且无需额外增加费用;⑤具有优化调度管理功能,能实现无人化或少人化加工。

根据实际情况,某些企业实施的 FMS 与上述 FMS 的特征有些差别,因此称为准 FMS,也有些人称为 DNC 系统。一般可以认为缺少自动化物流系统的是 DNC 系统,否则可称为 FMS。因为 DNC 系统与 FMS 之间主要的区别在于是否有自动物流系统,所以两者在系统的调度与管理上存在一些差别。

由于 FMS 将硬件、软件、数据库与信息集成在一起,融合了普通 NC 机床的灵活性和专用机床及刚性自动化系统的高效率、低成本,因而具有许多优点:①在计算机直接控制下实现产品的自动化制造,大大提高了加工精度和生产过程的可靠性;②使生产过程的控制和流程连续,并且达到最佳化,有效提高了生产效率;③实现系统内材料、刀具、机床、运储、夹具及测量检查站的理想配置,具有良好的柔性;④可直接调整物流(即工件流、工具流)和制造中的各项工序,制造不同品种的产品,大大提高了设备的利用率。

近 30 年来,在制造自动化技术领域以柔性制造单元和柔性制造系统为代表的柔性制造技术得到了快速发展和应用，用以实现高柔性、高生产率、高质量和低成本的产品制造，使企业生产经营能力整体优化，适应产品更新和市场快速变化，保持企业在市场上的竞争优势。

柔性制造自动化技术包含FMS的四个基本部分中的自动化技术，即自动化的加工设备、自动化的刀具系统、自动化物流系统及自动化控制与管理系统；还包括各组成部分之间的有机结合和配合，即物流和信息流集成技术及人与系统集成技术。FMT大致包含下列内容：规划设计自动化、设计管理自动化、作业调度自动化、加工过程自动化、系统监控自动化、离散事件动态系统的理论与方法、FMS的体系结构、FMS系统管理软件技术、FMS中的计算机通信和数据库技术。

FMT及FMS发展之所以如此迅猛，是因其集高效率、高质量和高柔性三者于一体，解决了近百年来中小批量、中大批量多品种和生产自动化的技术难题，FMS的问世和发展确实是机械制造业生产及管理上的历史性变革，FMT及FMS能有力地支持企业实现优质、高效、低成本和短周期的竞争优势，已成为现代集成制造系统必不可少的基石和支柱。半个世纪以来，FMT的出现、发展、进步和广泛应用，对机械加工行业及工厂自动化技术发展产生了重大影响，并开创了工厂自动化技术应用的新领域，大大促进了计算机集成制造技术的发展和应用。20世纪60—80年代，世界范围内的FMS获得了年增长率约为15%的快速发展和应用。在FMS领域，美国、西欧和日本居世界前列。美国是发展FMS最早的国家，多数由自动生产线改建，用数控加工中心机床代替组合机床并加上计算机控制，其规模一般较大(9～10台)，平均投资1 500万美元，加工3～150种零件，年产量为2 000～10万件。在美国，特别是FMC得到了快速地发展和应用。

日本是发展FMS较晚的国家。1992年日本调查了涉及10个行业的12 073家企业，金属切削机床总数为719 626台，数控化率20.8%(1987年为10.9%)，德国发展FMS的情况与美国、日本有所不同，主要用于中小规模企业，FMS规模较小(4～6台机床)。从规模上看，FMS以4～6台机床组成的为最多，一般不多于10台；从批量上看，以10～50件和50～1 000件为最多；从年产量上看，以3 000～30 000件为最多。

进入20世纪90年代后，尽管发展FMS遇到了一些困难，由于机床制造业出现了世界性的滑坡，影响了FMC、FMS的发展和应用速度。但工业界经长期实践，积累了丰富的经验和教训，已超越了早期FMS技术概念的约束，不再盲目追求实现加工过程的全盘自动化，更加注重信息集成和人在计算机集成制造系统和柔性制造系统中的积极作用。认识对FMS而言，如果系统规模小些，并允许人更多地能动介入，系统运行往往会更有成效。现在FMT已朝着更加正确的方向发展，并开发了新的柔性制造设备，如由高性能柔性加工中心构成的FMC、FTL得到广泛的应用。

当今，"柔性""敏捷""智能"和"集成"是制造设备和系统的主要发展趋势。FMT仍在继续发展之中，并将更趋于成熟和实用。FMS的构成和应用形式将更加灵活和多样，为越来越多的企业所接受。特别是随着工业机器人技术的成熟和应用，小型FMS在吸取了应用实践经验后发展迅速，其总体结构通常采用模块化、通用化、硬软件功能兼容和可扩展的设计技术。这些模块具有通用功能化特征，相对独立性好，配有相应硬软件接口，按不同需求进行组合和扩展。与大型FMS相比，投资较低，运行可靠性好，成功率较高。这种小型化FMS伴随着DNC、FMS技术发展而附带生产的FMC技术将得到快速发展和广泛应用，并可能形成商品化的柔性制造设备，成为制造业先进设备的主要发展趋势和面向21世纪的先进生产模式。

2）柔性制造的发展趋势

（1）利用技术相对成熟的标准化模块去构造不同用途的系统。

（2）FMC功能进一步发展和完善。FMC比传统制造单元功能全，比FMS规模小、投资少、可靠，也便于连接成功能可扩展的FMS。

（3）FMS效益显著，有向小型化、多功能化方向发展的趋势。

（4）在已有的传统组合机床及其自动线基础上发展起来了FTL，用计算机控制管理，保留了组合机床模块结构和高效特点，又加入了数控技术的有限柔性。

（5）向集成化、智能化方向发展。

1.2 数字孪生技术概述

作为一种快速发展的新兴技术，学术界针对数字孪生的建模、数据采集、传输与处理、数据驱动与模型融合控制和安全性等方面开展了广泛的研究。

1.2.1 产生和演化

1）数字孪生产生

数字孪生是一种实现物理系统向信息空间数字化模型映射的关键技术，它通过充分利用布置在系统各部分的传感器，对物理实体进行数据分析与建模，形成多学科、多物理量、多时间尺度和多概率的仿真过程，将物理系统在不同真实场景中的全生命周期过程反映出来。借助于各种高性能传感器和高速通信，数字孪生可以通过集成多维物理实体的数据，辅以数据分析和仿真模拟，近乎实时地呈现物理实体的实际情况，并通过虚实交互接口对物理实体进行控制。数字孪生概念模型主要由三部分组成：①物理空间的物理实体；②虚拟空间的虚拟实体；③虚实之间的连接数据和信息。就数字孪生的概念而言，目前仍没有被普遍接受的统一定义。

2）数字孪生演化

数字孪生在发展过程中随着认知深化，主要经历了三个阶段：①数字样机阶段，数字样机是数字孪生的最初形态，是对机械产品整机或者具有独立功能的子系统的数字化描述；②狭义数字孪生阶段，由Grieves教授提出，其定义对象就是产品及产品全生命周期的数字化表征；③广义数字孪生阶段，在定义对象方面，广义数字孪生将涉及范围进行了大规模延伸，从产品扩展到产品之外的更广泛领域。

世界著名咨询公司Gartner连续三年将数字孪生列为十大技术趋势之一，其对数字孪生描述为：数字孪生是现实世界实体或系统的数字化表现。因此，数字孪生成为任何信息系统或数字化系统的总称。

1.2.2 定义及内涵

数字孪生是一个物联网概念，指在信息空间内对一个结构、流程或者系统进行完全的虚拟映射，使得使用者可以在信息空间内对物理实体进行预运行，通过运行反馈回来的数据对物理实体的各方面进行评估，对产品或系统的设计进行优化。在物理实体运行过程中，数字孪生也可以通过传感器等数据源在虚拟空间里实时映射，通过异常数据实现故障精确快速的诊断和预测。

数字孪生的发展和实现是众多技术共同发展的结果，从数据采集到功能实现主要分为四层，分别为数据采集传输层、建模层、功能实现层和人机交互层。每层之间是递进关系，都将上一层的功能实现扩展和丰富。

1.2.3 技术现状

数字孪生概念的提出，最早可以追溯到美国国家航空航天局的阿波罗项目。该项目制造了两个相同的飞行器，地面的飞行器被称为“孪生体(twins)”，用来监控正在执行任务的飞行器的状况。2003 年，Michael Grieves 教授提出“与物理产品等价的虚拟数字化表达”的概念。2011 年，美国空军实验室明确提出数字孪生的概念，其目的是用来帮助解决飞行器的保养维护问题。2015 年，通用电气公司基于数字孪生体，实现了对发动机状况的实时监控和预测性维护。

随着物理模型数字化表达的进步及大数据、物联网和云计算等新一代信息技术的突破，数字孪生在理论和应用层面都取得了快速发展。

1）数字孪生技术在国内的现状

在国内的相关研究中，2018 年，陶飞等分析了数字孪生在理论研究上的进展，论证了数字孪生的五维结构模型和数字孪生驱动的六条应用准则，在此基础上提出了数字孪生车间的概念，然后研究了数字孪生车间的结构组成、关键技术等，最后从数字孪生车间的四个维度出发，分析了物理车间异构元素融合和虚拟车间多维模型融合等关键问题。庄存波等人设计了产品数字孪生的体系架构，详细论证了产品数字孪生在设计、制造、服务和维护阶段的实现方法。戴胜等分析了数字孪生与信息物理系统的异同，进一步论证了数字孪生与数字产品定义的关系，指出了实现数字孪生的关键支持技术。郭东升等人以企业航天结构件制造车间为例，验证了数字孪生制造车间能有效提高生产效率。罗伟超建立了数控机床的多领域统一建模方法，讨论了物理空间与数字空间的映射策略及数字孪生的自治策略。

2）数字孪生技术在国外的现状

在国外的相关研究中，2011 年，E. J. Tuegel 等利用数字孪生技术，建立飞机的高保真模型来整合结构和温度的变化对材料的影响，从而实现飞机寿命的预测。

2012 年，E. Glaessgen 使用数字孪生模式，建立超高保真仿真车辆监控管理系统，维护车辆历史数据，极大地提高了车辆监控的安全水平和可靠性。2015 年，R. Rosen 等论述了数字孪生对实现工业 4.0 提高工厂劳动效率的意义。2017 年，B. Schleich 等提出了一个数字孪生参考模型，解决了产品生命周期中数字孪生模型的表示和应用，提高了产品性能，缩短了产品上市时间。针对孪生系统中的数据来源，2017 年，C. Lehmann 介绍了多模态的数据采集方法，用于建立产品生命过程的数字孪生系统，使得数据采集时间和数字孪生系统的创建具有最小化的延时，确保孪生模型与真实模型的最大一致性。G. N. Schroeder 提出对工业组件进行建模和模拟，证明提出的模型对于不同系统之间的数据交换是可行的。M. Schluse 提出了实验数字孪生的模型并于真实设备联网测试，实现了较复杂的控制算法。A. Canedo 提出使用数字孪生对物理设备进行全生命周期的控制，并基于数字孪生构建工业物联网。

数字孪生已经成为国内外热门的研究领域。国内研究者对数字孪生的概念、数字孪生车间理论模型的构建做了深入研究。但是，对单个设备的孪生模型的建立和数字孪生模型在设备的设计、使用和维护中的应用研究并不充分。国外研究者对于构建高保真的数字孪生模型，降低孪生模型与真实模型之间的延时做了深入研究。数字孪生的最终目标是真实设备与虚拟设备的“虚实融合”，目前的研究大多集中于由真实设备到孪生模型之间的映射，对于孪生模型反向控制真实设备的“以虚控实”的研究相对较少。

1.2.4 标准体系

数字孪生技术从基础共性标准、关键技术标准、工具/平台标准、测评标准、安全标准、行业应用标准六个方面给出标准指导。

(1) 数字孪生基础共性标准包括术语标准、参考架构标准、适用准则三部分，关注数字孪生的概念定义、参考框架、适用条件与要求，为整个标准体系提供支撑作用。

(2) 数字孪生关键技术标准包括物理实体标准、虚拟实体标准、孪生数据标准、连接与集成标准、服务标准五部分，用于指导数字孪生关键技术的研究与实施，保证数字孪生实施中的关键技术的有效性，破除协作开发和模块互换性的技术壁垒。

(3) 数字孪生工具/平台标准包括工具标准和平台标准两部分，用于规范软硬件工具/平台的功能、性能、开发和集成等技术要求。

(4) 数字孪生测评标准包括测评导则、测评过程标准、测评指标标准、测评用例标准四部分，用于规范数字孪生体系的测试要求与评价方法，数字孪生行业评价标准如图 1-1 所示。

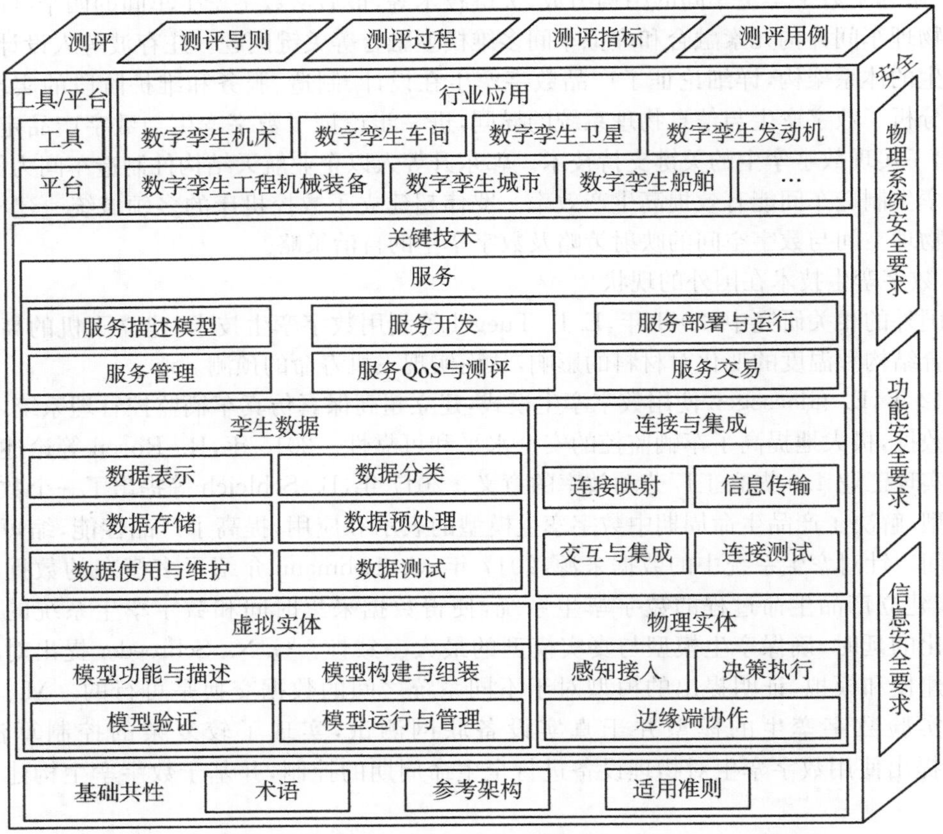

图 1-1 数字孪生行业评价标准

(5) 数字孪生安全标准包括物理系统安全要求、功能安全要求、信息安全要求三部分，用于规范数字孪生体系中的人员安全操作、各类信息的安全存储、管理与使用等技术要求。

(6) 数字孪生行业应用标准考虑数字孪生在不同行业/领域、不同场景应用的技术差异性，在基础共性标准、关键技术标准、工具/平台标准、测评标准和安全标准的基础上，对数字孪生在机床、车间、卫星、发动机、工程机械装备、城市、船舶和医疗等具体行业应用的落地进行规范，数字孪生行业应用标准如图 1-2 所示。

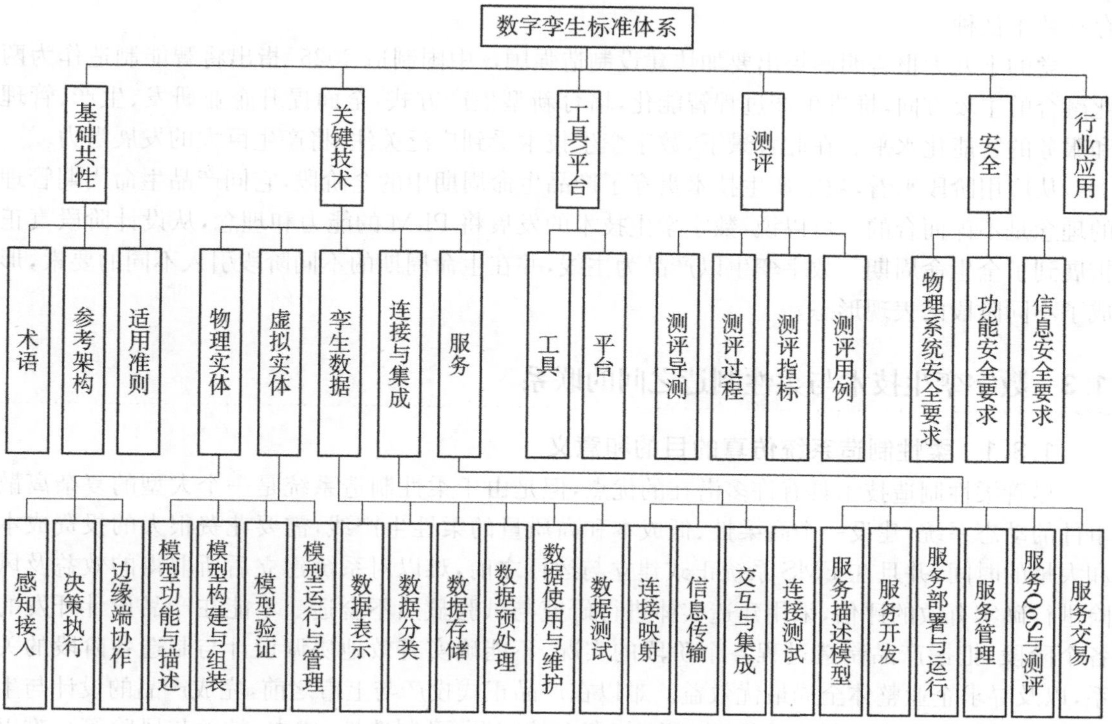

图 1-2　数字孪生行业应用标准

1.2.5 发展前景

数字孪生技术已经走过了几十年的发展历程，自从有了诸如 CAD 等数字化的创作手段，数字孪生已经开始萌芽；有了 CAE 仿真手段，研究手段从计算机简单辅助向自动化转变，数字虚体和物理实体走得更近；有了系统仿真，研究对象从简单物体向复杂系统转变，虚拟实体更像物理实体；直到有了比较系统的数字样机技术，研究目标从单体动力学向多体动力学转变，研究形式从静态向动态转变。

目前阶段，数字孪生正在与人工智能技术深度结合，促进信息空间与物理空间的实时交互与融合，以及在信息化平台内进行更加真实的数字化模拟，并实现更广泛的应用。将数字孪生系统与机器学习框架学习结合，数字孪生系统可以根据多重的反馈源数据进行自我学习，从而几乎实时地在数字世界里呈现物理实体的真实状况，并能够对即将发生的事件进行推测和预演。数字孪生系统的自我学习除了可以依赖于传感器的反馈信息，也可通过历史数据，或者是集成网络的数据学习，正在不断的自我学习与迭代中，模拟精度和速度将大幅提升。

数字孪生技术可以在网络空间中复现产品和生产系统，并使产品和生产系统的数字空间模型和物理空间模型处于实时交互中，两者之间能够及时地掌握彼此的动态变化并实时地做出响应，为实现智能制造提供了有力的保障，同时也进一步加速了智能制造与工业互联网、物联网融合。

近年来，数字孪生这一前沿技术已经得到了工业界与学术界的广泛关注。全球最具权威的 IT 研究与顾问咨询公司 Gartner 将数字孪生列为十大战略科技发展趋势之一。目前，数字孪生主要被应用于制造业领域，国际数据公司（IDC）表示现今有 40%的大型制造商都会应用这种虚拟仿真技术为生产过程建模，数字孪生已成为制造企业迈向工业 4.0 的解决方案。到 2020 年，估计有 210 亿个连接的传感器和终端服务于数字孪生，在不久的将来数字化孪生将存在数十亿种。

党的十九大报告明确提出要加快建设制造强国，《中国制造 2025》指出将智能制造作为两化融合的主攻方向，推进生产过程智能化，培育新型生产方式，全面提升企业研发、生产、管理和服务的智能化水平。在此背景下，数字孪生技术受到广泛关注，将产生巨大的发展潜力。

从应用阶段来看，数字孪生技术贯穿了产品生命周期中的全阶段，它同产品生命周期管理的理念是不谋而合的。可以说，数字孪生技术的发展将 PLM 的能力和理念，从设计阶段真正扩展到了全生命周期。数字孪生以产品为主线，并在生命周期的不同阶段引入不同的要素，形成了不同阶段的表现形态。

1.3 数字孪生技术与柔性制造之间的联系

1.3.1 柔性制造系统仿真的目的和意义

尽管柔性制造技术具有许多潜在的优点，但是由于柔性制造系统是一个大型的复杂离散事件的动态系统，建设一个高柔性、低成本和高质量的柔性生产线，需要花费很大的投资成本和大量的时间，并且在 FMS 系统正式建立与运行之前，难以对系统建立后所取得的效益及风险进行确实有效的评估，采用建造实体进行研究与试验显然不合适。不能在产品设计开发的各个阶段，把握产品制造过程各个阶段的实况，不能确实有效地协调设计与制造各阶段的关系，以及寻求企业整体全局最优效益。难以在产品正式投产与上市之前，完成产品的设计与生产规划，模拟出产品的制造过程，发现可能存在的问题（可制造性、成本、效益与风险等），难以准确评估 FMS 系统的制造潜能。要充分发挥柔性制造系统的潜在优势，就必须在柔性制造系统的设计规划阶段对其进行全面深入的分析研究，仿真是实现这一要求的重要工具。

仿真对客户具有直觉的吸引力，因为它模仿了实际系统中发生的事情或在设计阶段系统可察觉的东西。成功的计算机仿真能够通过对模型的研究，直接或间接地反复再现真实系统的各种静态、动态活动，记录系统动态过程的瞬时状况，提供系统研究所需的数据，从而使研究者通过分析模型，了解和把握系统运行的规律。因此，无论是分析已有系统，还是设计新的系统，一个好的解决方案被推荐实施。在研究柔性制造系统方面，仿真具有以下优势：

(1) 建立新的柔性制造系统的投资往往很大，计算机仿真可在不具备获得新的硬件设计、物理布局和运输系统等测试前提下进行，确定系统的布局、设备和人员配置等，从而评价新系统的可行性和经济效益，帮助人们选择最优或较优的装备设计方案和保障方案。

(2) 如果想对实际运行的柔性制造系统进行深入的了解和改进及对实际柔性制造系统进行实验，往往要花费大量的人力、物力、财力和时间，有时甚至是不可实现的。通过计算机仿真，可以对现有的柔性制造系统进行性能分析，包括生产率分析、制造周期分析、瓶颈分析、设备负荷平衡分析以及产品混合比变化对生产率的影响。预测其未来的发展并提出改进方案，同时保证新的决策、操作程序、决策规则、信息流和组织程序等的研究可以不干扰实际系统正进行的操作。

(3) 在系统管理的决策过程中，通过收集、处理和分析有关信息，可以拟定多个决策方案。通过计算机，可以对决策方案进行多次运行，按照既定的目标函数对不同的决策方案进行比较分析，从中选择最优方案。

(4) 计算机仿真可以深入了解柔性制造系统中有关变量的相互作用，同时深入了解变量对柔性制造系统性能的重要性。

计算机仿真技术是研究 FMS 规划设计、生产调度和运行管理的有力工具，是解决制造复杂性的最佳途径。通过计算机建模和仿真分析，可以在规划、设计阶段就对柔性制造系统的静动态性能进行充分的预测，以便尽早发现系统布局、配置及调控控制策略方面的问题，从而更快、更好地进行系统设计决策。

1.3.2 数字孪生与柔性制造系统的连接——数字纽带

最近几年，数字孪生得到了业内的高度关注。Gartner 公司连续两年将数字孪生列为当年十大战略科技发展趋势之一。数字孪生是物理事物或系统的动态软件模型，它依赖传感器数据理解其状态，对变化做出响应，改进操作，增加价值。数字孪生系统主要包括一个由元数据(如分类、组成和结构)、条件和状态(如位置和温度)、事件数据(如时间序列)和分析(如算法和规则)形成的组合。柔性制造系统作为制造业的代表，其复杂的离散动态系统和高柔性高质量的生产方式必须要由数字虚拟世界的高度配合以完成。让信息技术与柔性制造系统实现深度融合，数字孪生则成为制造物理世界和数字虚拟世界交互融合的最佳纽带。在研发阶段，通过数字孪生来降低研发成本，缩短研发周期，优化产品设计；在运营阶段，通过数字孪生来改善运营，并实现柔性制造系统价值链的闭环反馈和持续改进。

思考与练习

(1) 试阐述柔性制造系统的分类。

(2) 试阐述柔性制造技术和传统制造技术的异同。

(3) 简述柔性制造系统的几大特点及其功能。

(4) 简述数字孪生技术产生和演化的三个阶段。

(5) 数字孪生技术作为传统物理世界与数字虚拟世界的纽带，举例说明数字孪生技术如何发挥其纽带作用。

参考文献

[1] 马履中，周建忠. 机器人与柔性制造系统[M]. 北京：化学工业出版社，2007.

[2] 郭聚东，钱惠芬. 柔性制造系统的优势及发展趋势[J]. 轻工机械，2004(4)：4-6.

[3] 陶飞，马昕，胡天亮. 数字孪生标准体系[J]. 计算机集成制造系统，2019，25(10)：2405-2418.

[4] 刘蔚然，陶飞，程江峰，等. 数字孪生卫星：概念、关键技术及应用[J/OL]. 计算机集成制造系统，2020，26(3)：565-588.

[5] 郭嘉凯. 数字孪生：连接制造物理世界和数字虚拟世界的最佳纽带[J]. 软件和集成电路，2018(9)：1-4.

[6] 李亚骅. 虚拟柔性制造系统的关键技术研究[D]. 武汉：湖北工业大学，2017.

[7] 王生涛. 基于 eM-Plant 的板件柔性制造系统仿真与优化[D]. 苏州：苏州大学，2010.

[8] 边境. 虚拟柔性制造仿真系统的研究与开发[D]. 天津：天津大学，2008.

[9] 杨林瑶，陈思远，王晓，等. 数字孪生与平行系统：发展现状、对比及展望[J]. 自动化学报，2019，45(11)：2001-2031.

第2章

数字孪生技术应用及仿真

2.1 数字孪生技术的应用

数字孪生技术对计算机计算性能、传感采集性能和数据分析等要求十分高，由于受限于技术水平，使得数字孪生概念在提出伊始并没有得到重视，随着硬件条件的进一步发展，数字孪生才得到初步的应用。

从产品全生命周期角度来看，在产品或系统设计开发完成投入运营之前，可以使用数字孪生技术实现对设计的优化或者对生产性能的评估；在产品生产制造阶段，可以通过数字孪生技术将产品难以测量的数据进行虚拟映射，更加详细地将产品的状态刻画出来，降低生产难度，提高产品性能的稳定性；在产品或系统运行过程中，可以通过数字孪生技术在信息空间内对产品的运行参数和指标进行全方位监测，及时发现异常数据，从而指导产品的维护和故障预防；在后勤保障时，通过采集产品内部数据构建虚拟模型，与海量历史数据进行对比，从而实现精确快速的定位和诊断。通过对数字孪生技术的应用，使得产品从设计到后勤保障都能从内到外清晰明确地展现在用户面前，将生产过程做到透明化、精确化和智能化。

在产品设计方面，使用数字孪生技术可以更加高效地开发产品。产品设计是根据用户提出的需求，设计解决方案来完成产品开发的过程。而基于数字孪生的产品设计，一般是通过虚实结合，用虚拟孪生体来模拟真实产品的设计过程，通过对虚拟模型进行设计、评估和测试等可以完全反映真实物理产品的全生命周期。基于数字孪生的产品设计将依靠个人经验型的驱动方式转变为孪生数据的驱动方式，从而可以规避产品设计中的人为错误。此外，数字孪生将传统的被动式创新转变为基于数据挖掘的主动式创新。

在机电设备故障预测方面，机电设备的安全稳定，高效可靠运行对于电力系统来说意义十分重要。一般情况下，使用故障预测和健康管理技术可以对电力系统的设备进行状态预测、可靠性分析与维修管理，从而使设备可以长期稳定地运行在良好的状态。不过传统的故障预测和健康管理技术缺乏信息物理的融合，仍然存在很多的问题。将数字孪生技术引入到故障预测和健康管理技术中，通过物理实体和虚拟模型的虚实结合以及信息物理数据的深度融合，可以极大地增强故障预测和健康管理技术的使用效果，可靠性和有效性得到大大增强。用于物理风机建立虚拟模型来仿真其真实运行状况，通过物理实体和虚拟模型之间的数据实时传递来对比两者参数的一致性，从而对机电设备来进行故障预测，并做出相应的决策。

在产品质量分析中，对于产品，除了需要设计精确合理的制造工艺，还要对其生产过程的加工质量进行实时分析，如果出现了加工质量问题，还应该准确定位出发生故障的关键点，发现问题、及时修改，保证产品的质量。在基于数字孪生的产品质量分析过程中，可以准确定位产品制造加工的各个环节；在虚拟模型的仿真运行下，可以实时地分析产品的质量。虚拟模型会对产品加工过程的相应数据进行分析，对产品的加工质量进行预测及进行质量问题追溯。基于数字孪生的产品质量分析可以对产品的加工质量进行实时分析，可以对加工过程进行质量的优化控制，通过对数据的分析和自我学习来不断地改善产品加工质量。不过基于数字孪生的产品质量分析并不完善，还有很多的难题没有得到解决，如基于虚拟模型的仿真智能预测算法的困难性、产品优化决策的困难性等。

数字孪生技术通过建立虚拟模型和仿真的方式来对客观物理实体进行高逼真度的模拟，从而以全新的手段来解决和优化问题，为生产生活带来了一个全新的视角。数字孪生技术是制造和生产生活智能化的巨大推动力，数字孪生有着巨大的发展潜力，相信在国民经济各领域将获得到广泛的应用。在智能工厂领域，数字孪生技术将展现出非常美好的前景。

2.2 数字孪生技术在柔性制造系统中的应用

智能工厂是当前数字孪生技术应用的重要场景。以纺纱为例，我国的纺纱车间已经基本实现自动化，物联网技术开始逐渐推广，智能化的纺织装备也陆续投入使用。相应地，国内的智能纺纱设备的互联互通标准已经陆续建立，通用物联网标准也已经基本完备。在此背景下，应用数字孪生技术推进纺织车间信息化建设，真正实现物理系统和信息系统之间的互联互通。笔者研究团队针对纺纱智能车间建设，提出以智能纺纱单元为基础的智能纺纱车间参考模型（图 2-1）。该模型依据工艺流程将纺纱智能工厂分为清梳、并粗、细纱和络筒四个智能生产单元。通过工业互联网技术将状态感知、传输、计算与制造过程融合起来，形成“感知—分析—决策—执行”的数据自由流动闭环，最终建立以单元为基础的车间数字孪生模型。

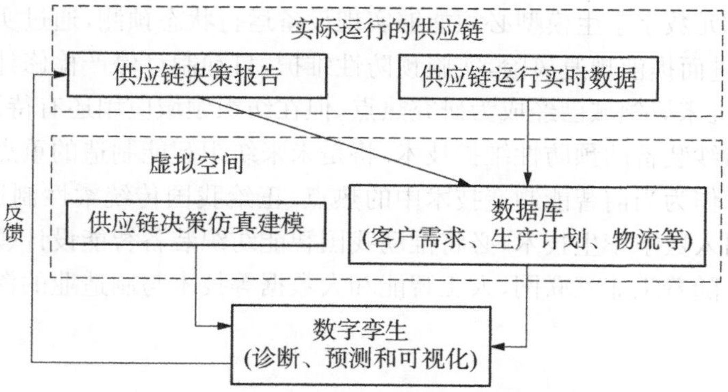

图 2-1 供应链数字孪生各要素关系

智能纺纱单元是纺纱智能车间的基础，是实现纺纱全流程智能化管控的基础。纺纱工艺流程长，从抓棉、清棉、梳棉至络筒、打包有十几道工序，涉及几十种纺纱设备。根据纺纱工艺特点，将纺纱设备群分为清梳、并粗、细纱和络筒等四个生产单元。每个单元均具有物理层、通信层、信息层及控制层。以清梳单元为例纺织智能单元可按图 2-2 所示架构建设。

基于前文的阐述，通过在纺纱智能车间中依据工艺流程建设清梳、并粗等四个智能单元数字孪生模型，构成含有“感知—分析—决策—执行”的数据自由流动闭环，可为制造工艺与流程信息化提供数据基础和控制基础。通过单元内部资源优化，进而实现高效的车间资源优化，是

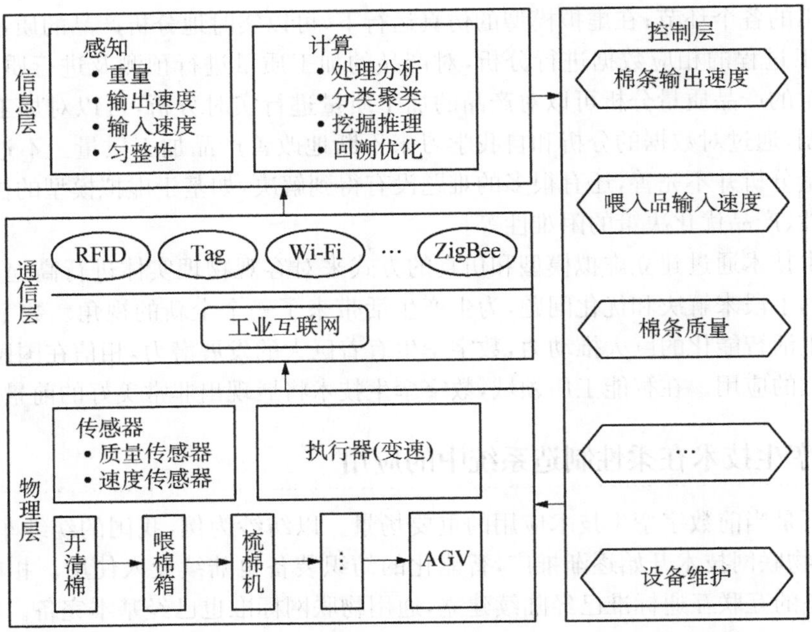

图 2-2　纺织智能单元

建设纺织智能工厂的基础。柔性制造单元在机械制造领域已经开始广泛应用。以单元为单位构建新型智能工厂是纺织柔性化制造的一条出路。数字孪生技术是智能单元的基础技术，研究纺纱、化纤和染整等不同领域的智能单元技术，是纺织智能工厂发展的重中之重。

纺织生产设备需具备长时间连续稳定运行的能力，建设无人工厂更是纺织行业的发展重点。完善的纺纱单元数字孪生模型必须能够实现设备运行状态预测，通过实时监测数据，进行设备的故障诊断，进而提前规避风险，实施预防性维护，自动制订停产检修计划。目前，预防性维护技术在航空、机床等领域已经成为研究热点，但在纺织领域应用还有待深入。基于数字孪生技术构建智能纺纱装备的预防性维护技术，将是未来纺织智能制造的重点突破的领域之一。

数字孪生技术作为当前智能制造技术中的热点，正给我国传统柔性制造业带来巨大的变化。在防治领域引入数字孪生技术，必将推动我国智能纺织装备智能设计领域的变革升级，创造新的市场优势。随着工业互联网、人工智能和大数据等技术与制造业的深入融合，数字孪生将更容易实现。

2.3　柔性制造系统仿真基础知识

仿真就是通过对系统模型进行实验去研究一个存在的或设计中的系统。这里的系统是指由相互联系和相互制约的各个部分组成的具有一定功能的整体。

根据仿真与实际系统配置的接近程度，将其分为计算机仿真、半物理仿真和全物理仿真。在计算机上对系统的计算机模型进行实验研究的仿真称为“计算机仿真”。用已研制出来的系统中的实际部件或子系统去代替部分计算机模型所构成的仿真称为“半物理仿真”。采用与实际系统相同或等效的部件或子系统来实现对系统的实验研究，称为“全物理仿真”。一般说来，计算机仿真较之半物理、全物理仿真在时间、费用和方便性等方面都具有明显优势。而半物理仿真、全物理仿真具有较高的可信度，但费用昂贵且准备时间长。

柔性制造系统的投资往往较大，建造周期也较长，因而具有一定的风险，其设计和规划就显得十分重要。计算机仿真是一种省时、省力和省钱的系统分析研究工具，在FMS的设计和运行等阶段可以起着重要的决策支持作用。计算机仿真有别于其他方法的显著特点之一，它是一种在计算机上进行实验的方法，实验所依赖的是由实际系统抽象出来的仿真模型。由于这一特点，计算机仿真给出的是由实验选出的较优解，而不像数学分析方法那样给出问题的确定性的最优解。

计算机仿真结果的价值和可信度，与仿真模型、仿真方法及仿真实验输入数据有关。如果仿真模型偏离真实系统，或者仿真方法选择不当，或者仿真实验输入的数据不充分、不典型，则将降低仿真结果的价值。但是仿真模型对原系统描述得越细越真实，仿真输入数据集越大，仿真建模的复杂度和仿真时间都会增加。因此，需要在可信度、真实度和复杂度之间加以权衡。

在柔性制造系统的设计和运行阶段，通过计算机仿真能够辅助决策的主要有以下几个方面。

(1) 确定系统中设备的配置和布局：①机床的类型、数量及其布局；②运输车、机器人、托盘和夹具等设备和装置的类型、数量及布局；③刀库、仓库和托盘缓冲站等存储设备容量的大小及布局；④评估在现有的系统中引入一台新设备的效果。

(2) 性能分析：①生产率分析；②制造周期分析；③产品生产成本分析；④设备负荷平衡分析；⑤系统瓶颈分析。

(3) 调度及作业计划的评价：①评估和选择较优的调度策略；②评估合理和较优的作业计划。

如前所述，仿真就是通过对系统模型进行实验去研究一个真实系统，这个真实系统可以是现实世界中已存在的或正在设计中的系统。要实现仿真，首先要采用某种方法对真实系统进行抽象，得到系统模型，这一过程称为“建模”，其次对已建的模型进行实验研究，这个过程称为“仿真实验”，最后要对仿真的结果进行分析，以便对系统的性能进行评估或对模型进行改进。因此计算机仿真的一般过程可以概括为以下几个步骤。

(1) 建模就是构造对客观事物的模式，并进行分析、推理和预测，即针对某一研究对象，借助数学工具来加以描述，通过改变数学模型的参数来观察所研究的状态变化。建模包含下面几个步骤：①收集必要的系统实际数据，为建模奠定基础；②采用文字(自然语言)、公式、图形对模型的功能、结构、行为和约束进行描述；③将前一步的描述转化为相应的计算机程序(计算机仿真模型)。

(2) 进行仿真实验输入必要的数据，在计算机上运行仿真程序，并记录仿真的结果数据。

(3) 结果数据统计及分析对仿真实验结果数据进行统计分析，以期对系统进行评价。

在自动化制造系统中，通常评价的指标有系统效率、生产率、资源利用率、零件的平均加工周期、零件的平均等待时间和零件的平均队列长度等。

图2-3给出了计算机仿真的一般过程。

2.4 Demo 3D 仿真软件简介和使用说明

2.4.1 Demo 3D 软件基本概念

Demo 3D是一个可以根据用户需求自行从组件库往模拟的环境中加入想要的组件，可以通过改变属性和编辑程序来达到想要的效果。操作简单，可用性很强，同时可以与其他软件配

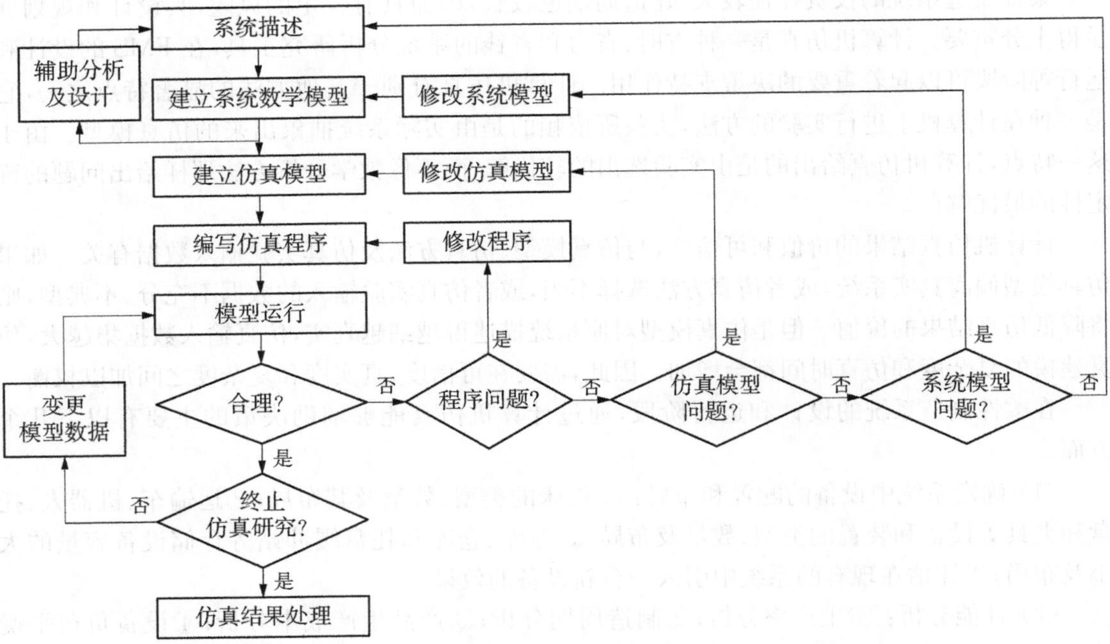

图 2-3　计算机仿真的一般过程

合使用，与 Visual Studio 配合可以做出 WPF 操作界面。

Demo 3D 是一个自主性能很强的软件，在加入的组件中可以设定物理属性，改变大小，以此来模拟出想要的功能和具体的模型。

2.4.2 Demo 3D 软件使用步骤

1）打开软件，选择相应的版本

(1) 双击 Demo 3D 图标进入软件，选择 Emulate3D Ultimate 版本，点击确认即可如图 2-4 所示。

图 2-4　软件版本选择

(2) 打开软件后的界面如图 2-5 所示。

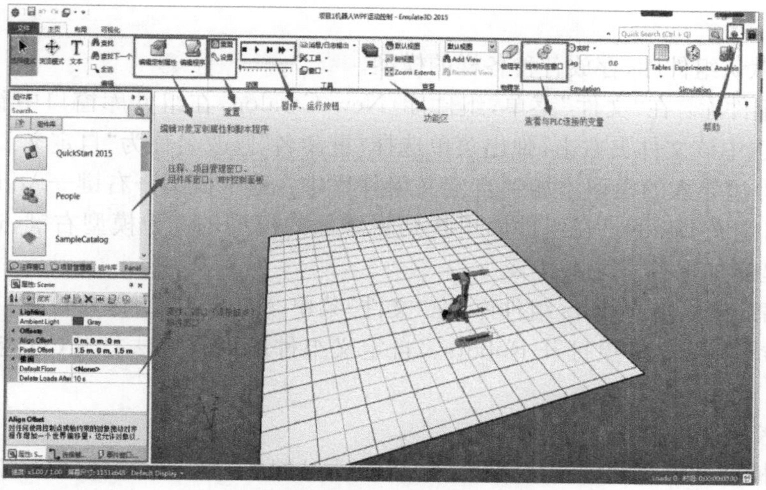

图 2-5　软件界面图

2）注释、项目管理器

（1）注释窗口：编写模型的相关介绍、注释说明和编辑链接查找模型等。

（2）项目管理器：显示组件库（Catalogs）信息、层（Layer）、监听（Listener）、模型中对象代码（Script）和模型中所有对象（Visual）等。

图 2-6 项目管理器在 Visuals 下 SceneVisual 可以找到模型中所有的对象，包括被隐藏的对象。

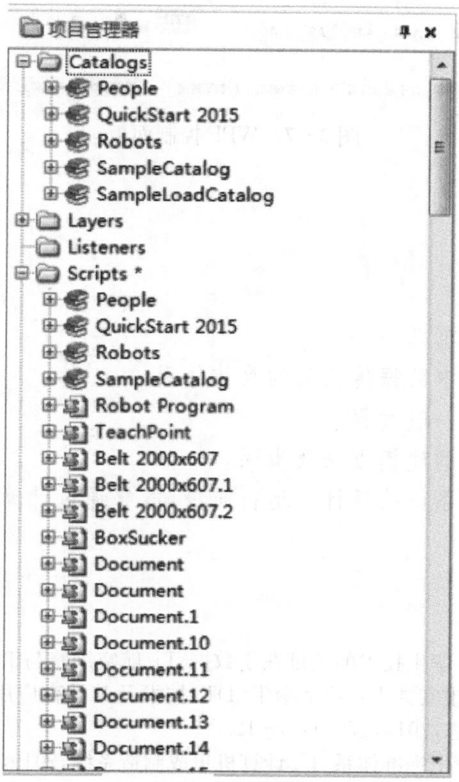

图 2-6　项目管理器

3）组件库

软件 5 个默认组件库，存放各种各样的模型。

（1）新建组件库：在“文件”菜单，组件库/New Catalog，在组件库窗口中新建名称为“新建”的文件夹，选中该文件夹右击，弹出菜单选择“重命名”修改名称为“自定义 Load”。

（2）把从外边导入的模型添加到自定义组件库中：选中模型—右键—Add To Catalog—选择组件库“自定义 Load”—在组件库里找到新添加的模型—选中模型右键，选择 Save as XXX，完成模型添加保存。

（3）若无某个库，如 Robots 组件库，在“文件”菜单，Catalogs/组件库打开，在 Demo 3D 的安装目录下，Catalogs 文件里打开 Robots。自定义组件库同样方法打开（自定义组件的保存目录）。

4）WPF 控制面板

用来显示模型运行过程中的数据、状态，以及通过相关的按钮操控模型对象完成相应的功能。WPF 控制面板如图 2－7 所示。

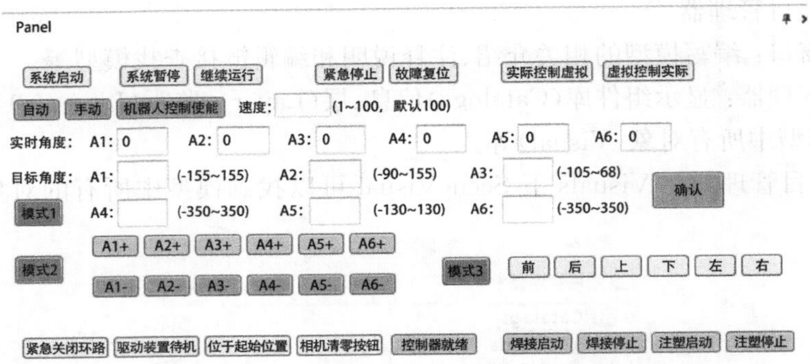

图 2－7　WPF 控制面板

思考与练习

（1）试阐述数字孪生的定义。

（2）简述数字孪生技术中数据传输层的具体作用。

（3）简述计算机仿真的一般过程。

（4）简述数字孪生技术的建模方法及步骤。

（5）试阐述在柔性制造系统的设计和运行阶段，能够通过计算机仿真辅助的决策有哪些？

参考文献

[1] Henry Canaday，李韵. 数字孪生技术的关键在于数据[J]. 航空维修与工程，2019(10)：15－16.

[2] 褚乐阳，陈卫东，谭悦，等. 虚实共生：数字孪生（DT）技术及其教育应用前瞻——兼论泛在智慧学习空间的重构[J]. 远程教育杂志，2019，37(5)：3－12.

[3] 陶飞，马昕，胡天亮. 数字孪生标准体系[J]. 计算机集成制造系统，2019，25(10)：2405－2418.

[4] 苏新瑞，徐晓飞，卫诗嘉，等. 数字孪生技术关键应用及方法研究[J]. 中国仪器仪表，2019(7)：47－53.

[5] 郭嘉凯. 数字孪生：连接制造物理世界和数字虚拟世界的最佳纽带[J]. 软件和集成电路，2018(9)：4.
[6] 樊留群，丁凯，刘广杰. 智能制造中的数字孪生技术[J]. 制造技术与机床，2019(7)：61 - 66.
[7] 杨洋. 数字孪生技术在供应链管理中的应用与挑战[J]. 中国流通经济，2019，33(6)：58 - 65.
[8] 边境. 虚拟柔性制造仿真系统的研究与开发[D]. 天津：天津大学，2008.
[9] 郑小虎，张洁. 数字孪生技术在纺织智能工厂中的应用探索[J]. 纺织导报，2019(3)：41 - 45.
[10] 陶飞，刘蔚然，张萌. 数字孪生五维模型及十大领域应用[J]. 计算机集成制造系统，2019，25(1)：5 - 22.
[11] 刘大同，郭凯，王本宽，等. 数字孪生技术综述与展望[J]. 仪器仪表学报，2018，39(11)：4 - 13.
[12] 陈克. 安全生产标准化运行状况评估管理系统建设与实施[J]. 绿色科技，2019(20)：142 - 143.
[13] 牛彦伟. 浅谈"三位一体"安全生产标准化体系建设与创新[J]. 2019，28(9)：114 - 116.

第3章

柔性制造系统核心技术

3.1 控制技术

以工业机器人为关键设备的柔性制造系统，通常采用图3-1所示的柔性制造系统的控制方案，机器人控制器是其核心，高速通信网络把它与上位计算机(或控制器)连接起来，从而能够方便地对机器人的运行轨迹作出规划并编制出程序，还能有效地管理各种控制数据。可编程逻辑控制器(PLC)的职能是控制制造系统的各种其他设备。

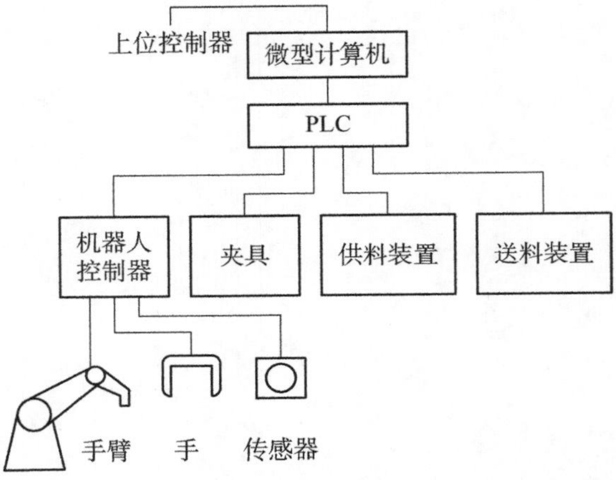

图3-1 柔性制造系统的控制方案

3.1.1 机器人控制器

机器人控制器是制造单元的核心装置，制造作业中，对机器人的控制着重是控制机器人的臂和手(工具)。

3.1.1.1 机器人臂的控制

机器人控制器只有具备了加减速控制、伺服控制和力控制等功能，才能实现对机器人的臂的控制。

1) 加减速控制

已经问世的高性能微处理器，不仅能够对构成机器人臂的轴进行位置、速度的加减速控制，而且还能在最短时间内控制机器人臂摆出某种姿势，这样就能有效缩短机器人的工作循环时间。例如，臂若以伸展状态旋转，则其加、减速时间较大；臂若以收缩状态旋转，则其加、减速时间较小，因此应该控制机器人臂以收缩状态旋转。

2）伺服控制

组成机器人臂的各数控轴受伺服电机的驱动而有序地动作。DSP(Digtal Signal Processor)适用于数值信号的高速处理，在伺服电机的伺服控制板中使用多个DSP，就可极大地提高其伺服控制性能，从而使机器人控制器的加减速控制性能得到有效改善，这样机器人臂便能带动手指沿指定的轨迹高速运行。

3）力控制

让机器人从事制造作业，鉴于下述几种原因，人们重新认识到力控制的重要性：

(1) 精确制造机械部件，接触、对准和制造三个基本动作缺一不可，制造过程中，若控制零件之间相互作用产生的力，就能借助通用工具完成这些动作，大可不必制作专用工具。

(2) 若用力控制来监测制造力，就能防止发生因制造力过大而损坏零件的事故。有了力控制，人们可以放心大胆地用自动化方法制造贵重零(部)件。

(3) 力控制措施可以使机器人沿任意方向完成精确制造作业，因此工夹具的结构可以简化，柔性制造系统的建造费用可以降低。

在机器人手腕上安装力传感器，根据该传感器的检测信号就能控制机器人臂发出的制造力。力控制多选用能检测 X、Y、Z 分力和分力矩的六轴力传感器。该方法可用于完成精确制造作业。该方法假定配合中心位于制造零件的顶端，根据作用在配合中心的力和力矩以及预期的相应机械阻抗，来控制机器人完成制造作业。力控制的计算量很大，因此机器人控制器应配置高性能的主板。

3.1.1.2 手(工具)控制

让一台机器人完成多个不同形状的零件制造，有两种可供使用的技术方案：

(1) 提高机器人的性能，让机器人的手有很高的柔性。

(2) 根据零件更换机器人的手。换手是一种常用技术方案，使用安装在手腕上的自动换手器可将货架上的手(或工具)换到机器人手臂上。

单功能手(或工具)多采用气动ON/OFF控制，多功能手的夹钳开合采用伺服控制。电动螺丝刀是一种常用的制造工具，机器人控制器以交流伺服电机来控制其动作。

3.1.2 可编程逻辑控制器

柔性制造系统中，可编程逻辑控制器常用来控制图3－1所示的装置，即：零(部)件的固定装置、供料装置和送料装置。

1）零(部)件固定装置

零(部)件固定装置就是通常所说的夹具。在制造作业中，把零(部)件准确地固定在某个位置上必须使用夹具。柔性制造系统若制造多种不同形状的产品，则夹具数量就要相应增加，于是系统的建造费用也随着增加。因此提高夹具的柔性，使一种夹具能用于多种产品的制造便成为重要的研究课题。

夹具的控制一般为简单的ON/OFF控制，但是为了应付零(部)件形状的变化、提高夹具的柔性，应采用伺服控制。

2）零(部)件供料装置

为了提高供料的效率，人们设计了多种供料装置以解决不同种类物料的供给，其中包括：

(1) 专用供料装置。小型零(部)件多采用该种装置，它能从零件堆中把零件一个个地取出来。

(2) 零件盘(托盘)。中型零(部)件的供料多借助零件盘(或托盘)，为方便机器人处理，操作人员(或机器人)常预先将零(部)件整齐地放置到零件盘(托盘)上。若零(部)件堆放在零件盘中,则机器人应具有三维视觉功能,零(部)件的位置和姿势被检测出来后,机器人才能拾起某个零(部)件。

(3) 送料装置。大型零(部)件的供料,常借用送料装置,该装置具备供料功能。

(4) 料斗式供料装置。螺钉(螺栓)是常用紧固件,制造作业中常用料斗式供料装置向制造作业站供应螺钉(螺栓),该装置能将堆放的螺钉(螺栓)一个个地取出来,按规定的姿势送到指定的作业点。

3) 零(部)件送料装置

制造过程中,从仓库取出零(部)件、把成品送到仓库、在制造作业站间转换工序等作业,虽然可以让工人来承担,但是对于自动化水平很高的制造系统来说,则应配备送料装置(如输送带、机器人和自动导向小车)完成这些作业。

3.1.3 故障监控

为了让制造作业安全可靠地进行,常常利用机器人手腕上安装的力传感器来监测制造作业的状态,若力(或力矩)很大或者力(或力矩)发生急剧变化,机器人控制器便会让机器人立即停止动作。

随着传感技术的发展,控制技术已经成为使柔性制造系统智能化的一项关键技术。故障发生时要让制造系统不停止运行,就应该让系统有自我修复能力,因此应该让传感器和控制器更加紧密地配合动作。

3.2 传感技术

传感技术是支持柔性制造系统的基础技术之一,下述几种传感器常用于监视制造系统的物流状态。不过应该指出,这些传感器还有更加广泛的用途。

3.2.1 视觉传感器

3.2.1.1 机器视觉的结构

图 3-2 是机器视觉系统的结构示意图。图中摄像机担负着摄取工件图像的任务,摄像机前端安装的镜头,能对工件图像进行适当地放大或缩小。控制器是视觉装置的核心组件,它不仅要对摄像机摄取的图像进行二值化处理和判别,而且还要输出其结果。为了便于人们设定图像摄取、二值化处理和判别的条件,确认处理结果,视觉系统配备了监视屏。光源可提高摄像机的图像质量,增强二值化处理的效果。

3.2.1.2 应用实例

在柔性制造系统中,可用视觉系统来识别工件、检查工件的质量和监测工件的姿态。

1) 电阻检测

图 3-3 所示视觉装置可识别电阻的色码,判别电阻的种类和放置状态。其原理是:在彩色视觉系统中预先存放了一些标准单色图片,摄取电阻的彩色图像后,用取景框将色码分解成若干单色图片。将取景框的单色图片与标准单色图片比较,就能判别出色码和电阻的种类。

2) 零件识别

零件识别的原理是视觉装置中存放了一批零件的标准图片,摄像机从传送带上摄取的零件图像被控制器处理成实物图片,实物图片与标准图片之间的比较和确认就是零件识别。

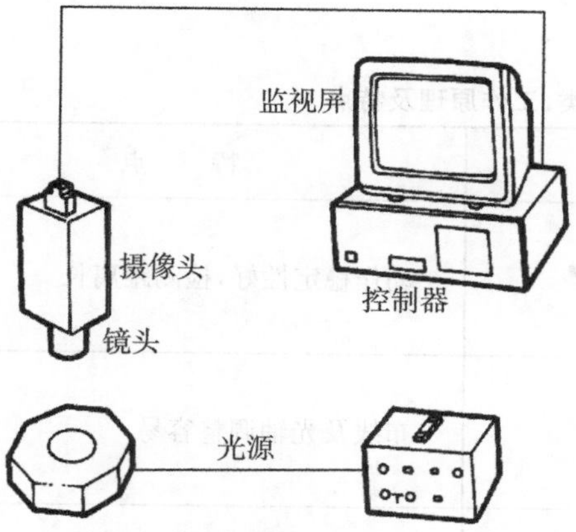

图 3-2 机器视觉系统的结构示意图

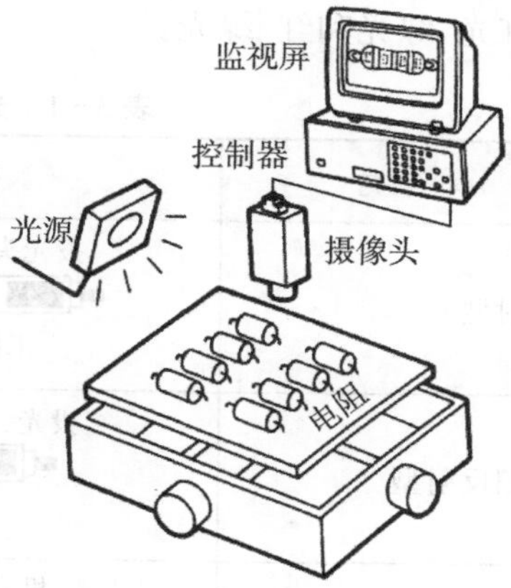

图 3-3 电阻检测的示意图

3）电子元件组装

图 3-4 是机器人组装电子元件的示意图。其原理是视觉系统检测出印刷电路板上的电子元件插脚孔的重心偏移量和角度偏移量，根据检测结果，机器人的控制器让机器人手臂作出相应移动，把电子元件插进孔中。

4）工件搬运

机器人工件搬运示意如图 3-5 所示，工件的重心位置和放置角度被视觉系统检测出来、传送给机器人的控制器，根据该检测数据，控制器控制机器人手臂作相应移动，并抓走工件。

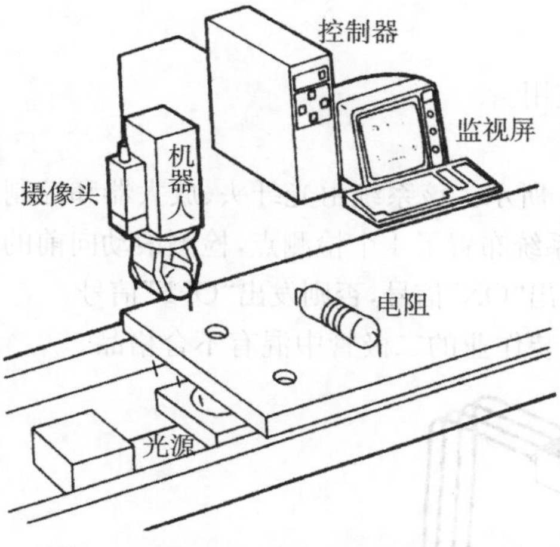

图 3-4 机器人组装电子元件示意图

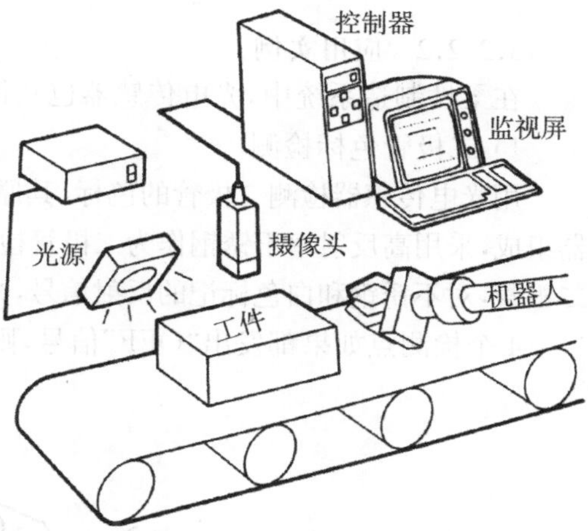

图 3-5 机器人工件搬运示意图

3.2.2 光电传感器

3.2.2.1 光电传感器的组成和分类

光电传感器通常又称“光电开关”，它由投光受光头、放大器和电源控制器三个组件组成。实际产品中，这三个组件有时被做成一个部件，有时只将投光受光头和放大器做成一个部件。按光电信号的检测方式，人们将光电传感器分成六类：透射型、回归反射型、扩散反射型、标记识别用反射型、限定反射型和沟槽型，它们的原理及特点见表 3-1。传感器光源可以选用白炽光、红光、绿光和红/绿光。

表 3-1 光电传感器分类、工作原理及特点

分　类	工作原理	特　点
透射型	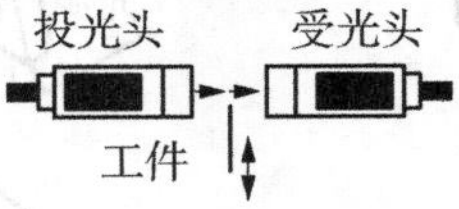	动作稳定性好，检测距离长
回归反射型	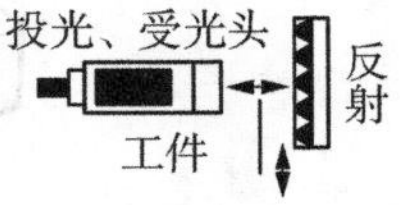	布线及光轴调整容易
扩散反射型		能检测出包括透明物体在内的一切物体
标记识别用反射型	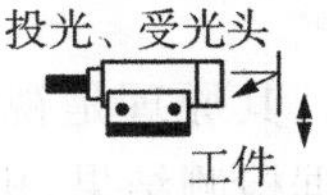	能检测登记码等色差微妙的标记
限定反射型		能检测微小凹凸
沟槽型		拣座位置精度高，调整容易

3.2.2.2　**应用实例**

在柔性制造系统中，光电传感器也获得了广泛的应用。

1）二极管色标检测

用光电传感器检测二极管的色标，其原理如图 3-6 所示。该系统由光纤头、放大器和控制器组成，采用高反射率不锈钢作为二极管检测的背景。系统布置了 4 个检测点，检测滚动向前的二极管，对不锈钢和白色标记的反射信号，光电传感器发出“ON”信号，否则发出“OFF”信号。4 个检测点如果都发出“OFF”信号，则表明进入组装作业的二极管中混有不合格品。

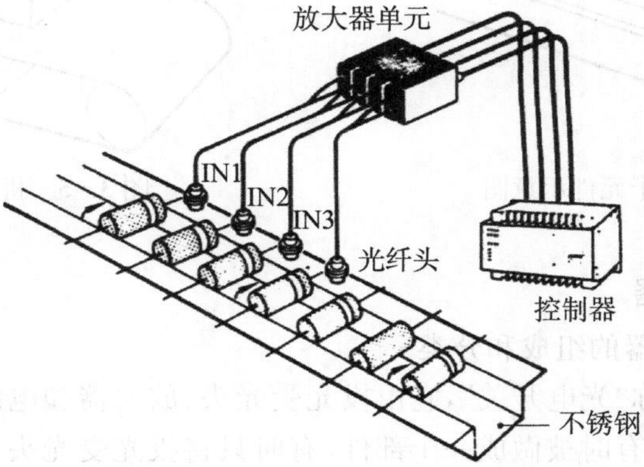

图 3-6　二极管色标检测原理图

2）螺母正反面判别

螺母是制造作业中用量较大的一种零件，在柔性制造系统中螺母的供料和正反面的判别已实现了自动化，其原理如图 3-7 所示。螺母正面平整光洁，形成镜面反射，螺母反面加工有齿形花纹可形成漫反射，选用只能接收漫反射光的光电传感器，就能区别螺母的正面与反面。

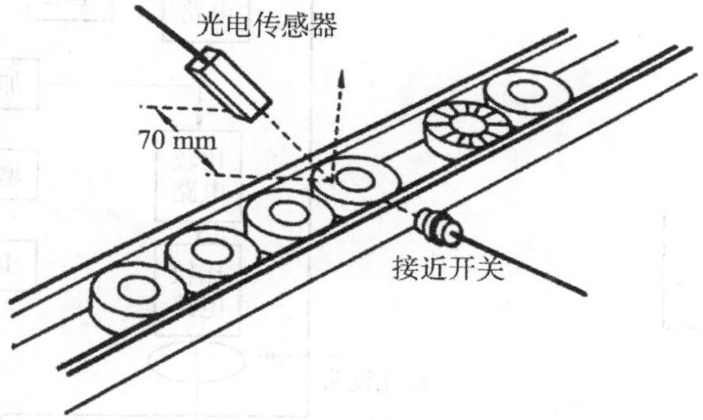

图 3-7　螺母正反面判别原理图

3）螺孔检测

图 3-8 所示机壳的螺孔检测，钻孔后若未攻螺纹便流入制造作业，就会造成不必要的损失。使用光电传感器可以有效地对其进行监测。

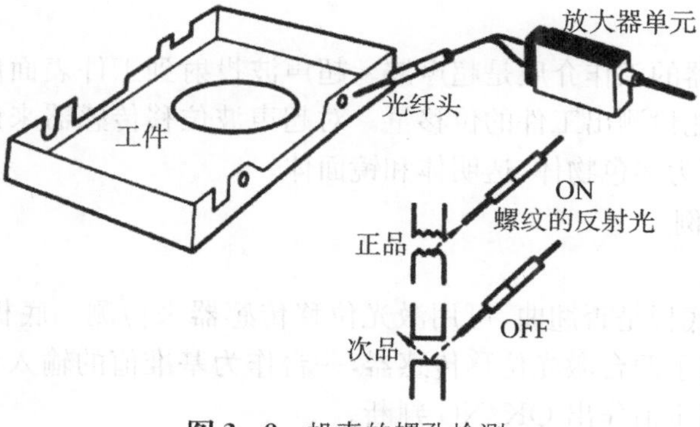

图 3-8　机壳的螺孔检测

4）安全光栅

利用光电传感器可以用光构筑出一道安全屏障，当人或其他运动物体闯入危险工作区域时，光电传感器便发出报警信号，并让刀具输送小车或机器人紧急停止工作。

3.2.3　位移传感器

3.2.3.1　位移传感器的分类与工作原理

位移检测如图 3-9 所示，当工件由基准位置 A 移到位置 B 时，移动距离 y 称为位移，该位移量可用位移传感器来检测。依据工作介质，人们将位移传感器分成两类：光位移传感器、超声波位移传感器。

激光是光位移传感器的最佳光源，激光束投射到工件，利用三角测量法就能测量出工件的位移量（图 3-10）。激光位移传感器的光束直径很小，能有效地检测出工件的高度差。

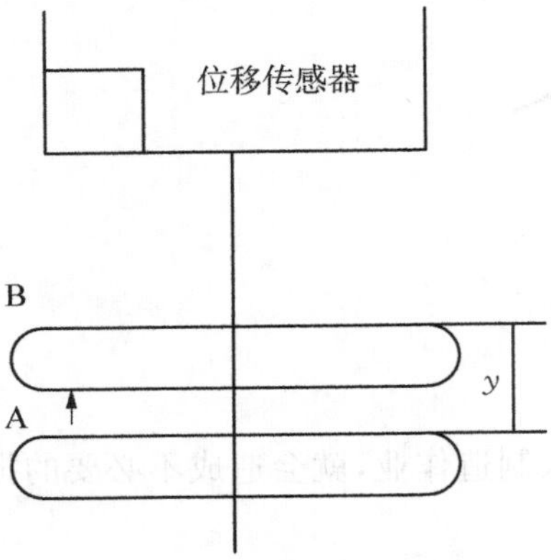

图 3 - 9 位移检测

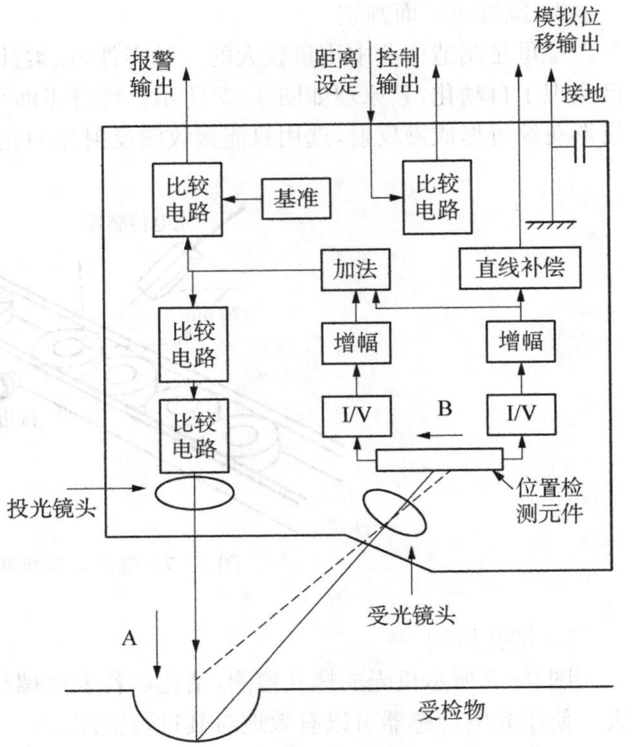

图 3 - 10 三角测量法

超声波位移传感器的工作介质是超声波。超声波投射到工件表面后便被反射回来，计算该过程所用的时间就能检测出工件的位移量。对超声波位移传感器来说，颜色不影响检测的效果，因此受检对象可为多色物体、透明体和镜面体。

3.2.3.2 应用实例

1）底板翘曲检测

进入制造作业的底板是否翘曲，可用激光位移传感器来检测。底板翘曲检测如图 3 - 11 所示，该检测系统使用了两台激光位移传感器，一台作为基准值的输入，以“基准值主偏差”作参照量，系统就能对测定值作出 OK/NG 判断。

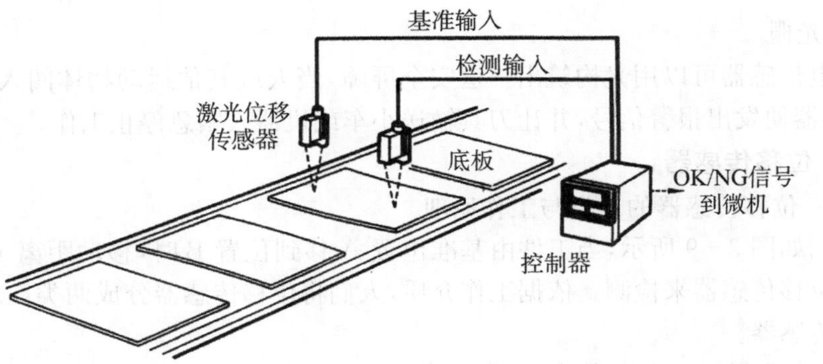

图 3 - 11 底板翘曲检测

2）电子元件插入高度判别

激光位移传感器还能检测印刷电路板上电子元件的插入高度，判断该元件是否组装到位（图 3-12）。

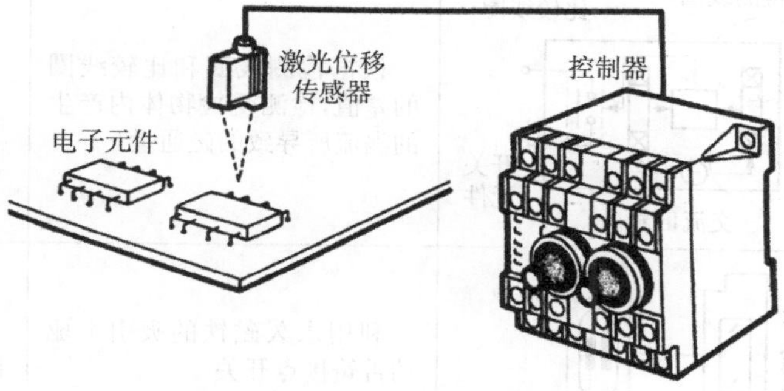

图 3-12　电子元件插入高度判别

3）玻璃厚度测定

利用超声波位移传感器可测定玻璃等透明物体的厚度（图 3-13）。

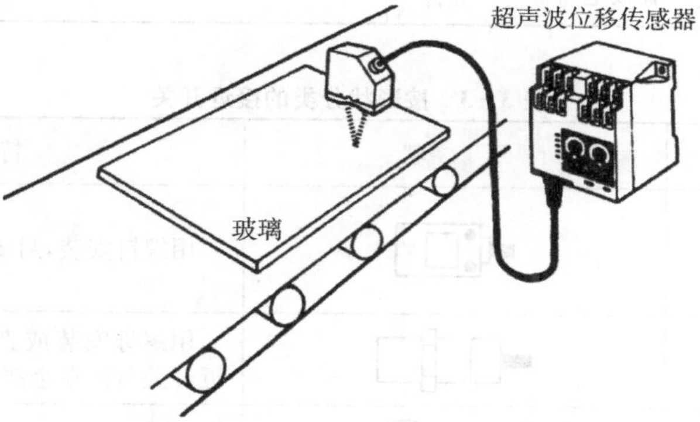

图 3-13　玻璃厚度测定

3.2.4　接近传感器

3.2.4.1　接近传感器的工作原理和分类

接近传感器就是通常所说的“接近开关”，其种类多、应用范围广。按照工作原理，接近开关被分成二类四种（表 3-2）；按照外形，又可把它们分成六种（表 3-3）。

表 3-2　按工作原理分类的接近开关

分类		工作原理		特点
基于磁场效应	高频振荡型	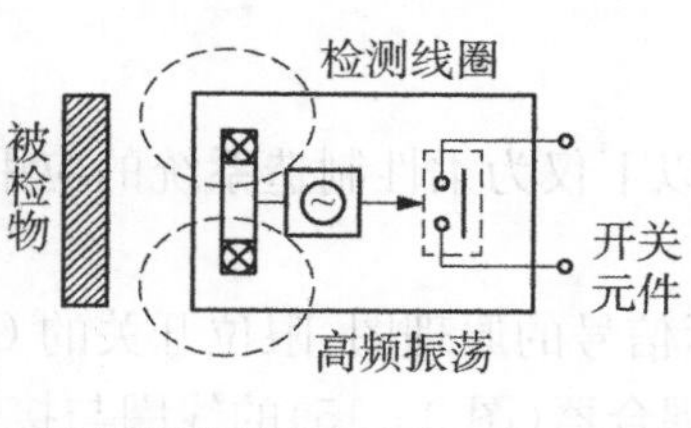	高频振荡电路中，振荡线圈的阻抗变化使振荡停止，从而产生检测信号	应答速度高，检测金属物体

（续表）

分类		工作原理		特点
基于磁场效应	差动线圈型	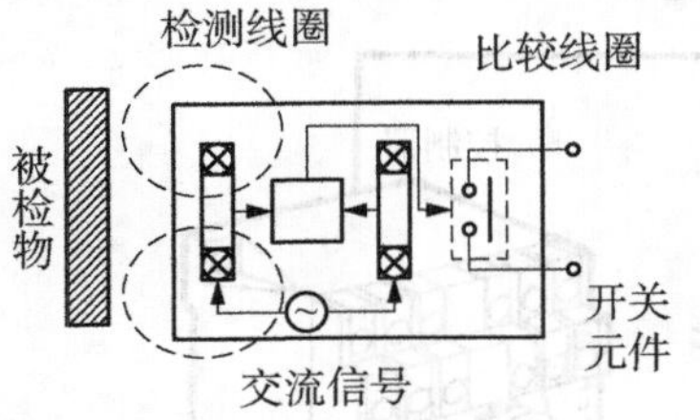	根据检测线圈和比较线圈的差值，检测受检物体内产生的涡流所导致的磁通量	能检测较长距离的金属物体
	磁力型	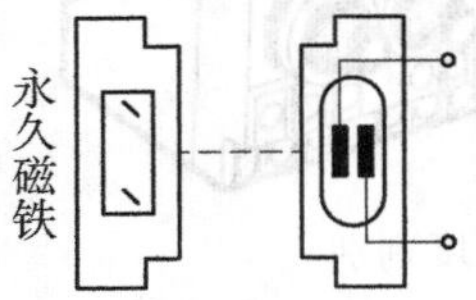	利用永久磁铁的吸引力驱动舌簧接点开关	只能检测磁性金属物体
基于电场效应	静电电容型	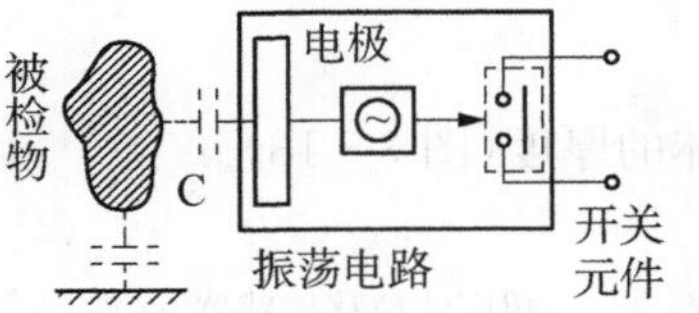	随着静电电容的变化，振荡电路的振荡忽起忽停，从而产生检测信号	能检测金属和非金属物体

表 3－3　按形状分类的接近开关

分　类	形　状	特　点
棱柱型 扁平型 微开关型	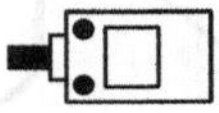	用螺钉安装，封闭式可嵌在金属内
圆柱型	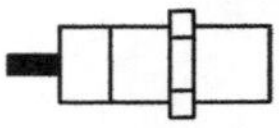	用螺母安装或直接旋入螺孔，封闭式接近开关可嵌在金属内
贯通型	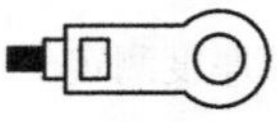	受检物体要通过环形检测头
沟型	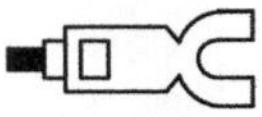	安装位置容易调整
多点型	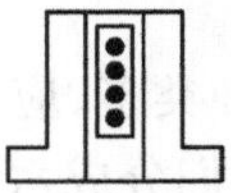	检测速度高、寿命长、可靠性高
平面安装型	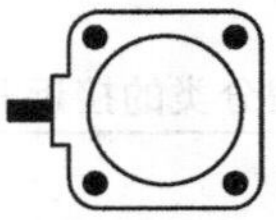	大型接近开关，检测距离长

3.2.4.2　应用实例

接近开关在制造自动化系统中有着广泛应用，以下仅为柔性制造系统的应用实例。

1）机器人握紧信号的传送

图 3－14 是一种以非接触方式传送机器人握紧信号的原理图，限位开关的 ON/OFF 状态对应着机器人是否握紧工件。ON/OFF 信号传送耦合器（图 3－15）的线圈与接近开关的线圈

借助电磁力的作用结合成一体，当限位开关处于ON(即机器人已握紧工件)状态，耦合器就变成闭合回路，受接近开关线圈的电磁场作用，耦合器闭合回路中产生感应电流。该感应电流反过来又使接近开关的电功率消耗变大，由此可以判断机器人的握紧状态。

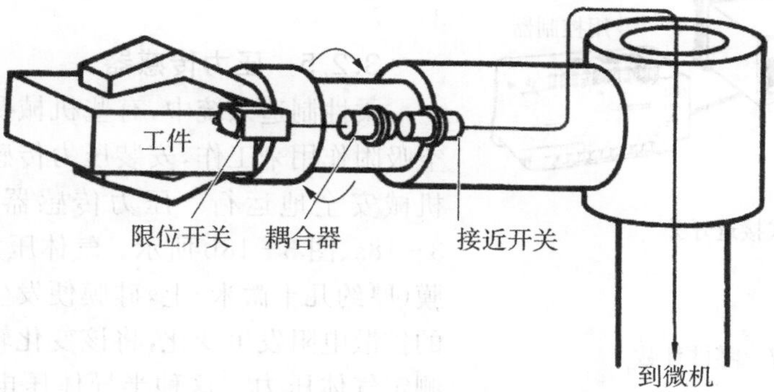

图3-14 机器人握紧信号的传送

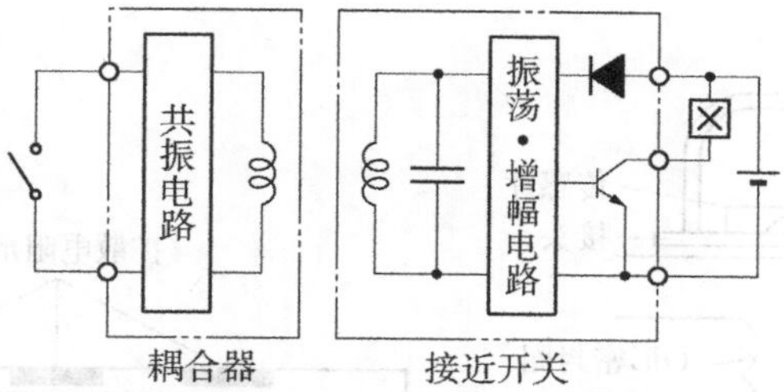

图3-15 机器人握紧信号的传递原理图

2) 螺钉拧紧状态检测

在柔性制造系统中，采用自动化设备拧紧螺钉，借助接近开关，螺钉拧紧状态检测(图3-16)可检测出未拧紧或漏拧的螺钉。

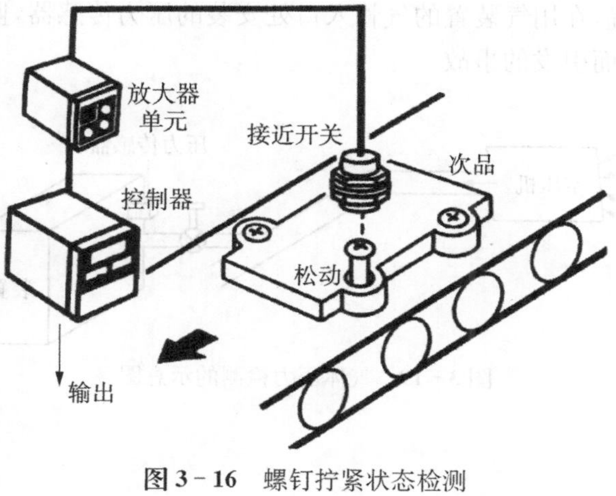

图3-16 螺钉拧紧状态检测

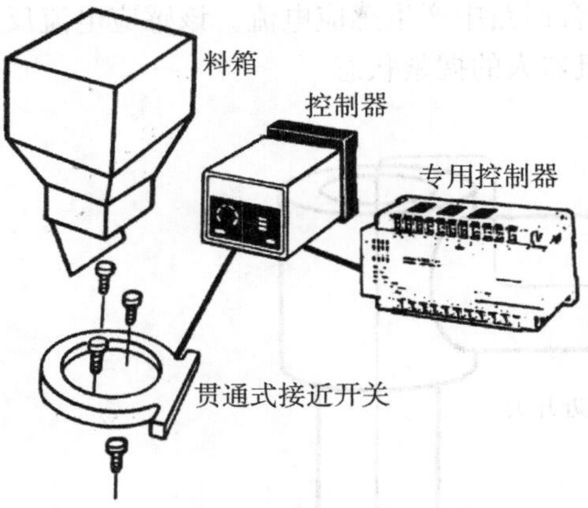

图 3-17 零件计数

3) 零件计数

使用金属贯通式接近开关,可以高速地清点出金属零件(如螺钉)的数量。零件的形状及其通过接近开关的姿态不影响清点的结果,零件计数(图 3-17)。

3.2.5 压力传感器

柔性制造系统中,有些机械要靠气体压力或真空吸附作用来工作,安装压力传感器可以确保这些机械安全地运行。压力传感器的工作原理如图 3-18a、图 3-18b 所示。气体压力作用到半导体硅膜(厚约几十微米)上,硅膜便发生翘曲并使硅膜上的扩散电阻发生变化,将该变化转换成电信号就能测定气体压力。这种半导体压电元件可用来制作压力传感器的检测头。

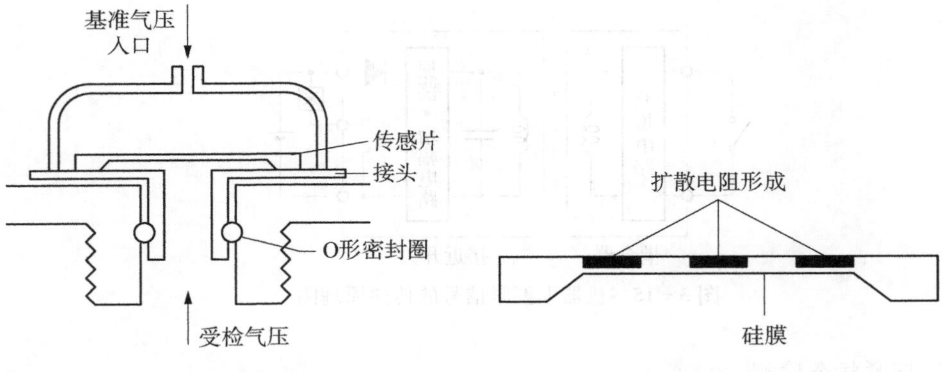

(a) 压力传感器的构造　　(b) 传感片

图 3-18 压力传感器的工作原理图

图 3-19 是用压力传感器监测主管道气体压力的示意图。压缩机排出的压缩空气,经输气管道送至各用气装置,在用气装置的气管入口处安装的压力传感器,监测着输气管道的气压状态,防范着因气压低而引发的事故。

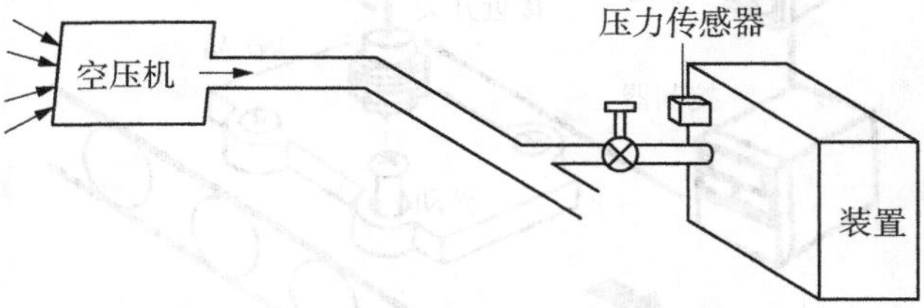

图 3-19 气体压力检测的示意图

3.3 柔性制造系统实验——在机器人平台上实现码垛流程

码垛机器人应用指采用开发式计算机控制平台，通信能力强，高强度铝合金和复合材料的应用，有限元分析设计和先进的动态模拟控制技术。适用于化工、建材、饲料、食品、饮料、啤酒和自动化物流等行业，配以不同抓手，可实现在不同行业各种形状的成品进行装箱和码垛。

3.3.1 实验目的

(1) 熟悉机器人的编程语言。

(2) 掌握码垛注塑程序的控制算法。

(3) 掌握机器人码垛的控制思路。

3.3.2 实验仪器

(1) 库卡机器人1套。

(2) 负载工具吸盘。

(3) 输送线2条。

(4) 码垛台。

(5) 码垛物块若干。

(6) 气泵。

3.3.3 实验内容

1) 实验要求

设备接通电源和气源，运行PLC，启动平台。在示教器上选择shusong_maduo程序，手动运行。机器人从Home点开始运动，运动至等待位等待输送线出口物料到位信号，信号触发后机器人执行码垛流程(机器人运动至抓取等待位，打开吸盘，运动至抓取位，延时一段时间后直线运动到抓取等待位，运动至偏移等待位，直线运动至放置位，关闭吸盘并返回抓取等待位)，循环一定次数后流程结束，机器人返回Home点。机器人控制流程如图3-20所示。

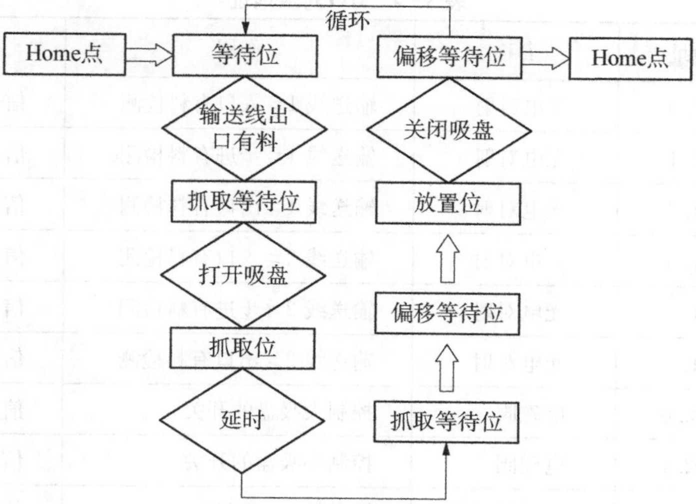

图3-20 机器人控制流程图

注意事项如下：

(1) 指令使用正确、流程无逻辑冲突。

(2) 物块放置稳定。

具体步骤如下:

(1) 机器人上电,平台上电,打开气泵,启动平台。

(2) 选择对应的输送线及码垛台,观看码垛程序的控制流程和机器人的运动轨迹,建立对应的控制流程图。

(3) 根据控制流程图,编写新的码垛程序。

(4) 示教对应的视觉点。

(5) 控制机器人的运行速度,手动运行程序,并不断优化。

2) 电气接口位置及地址

电气接口位置如图 3-21 所示,电器接口 I/O 对应地址见表 3-4。

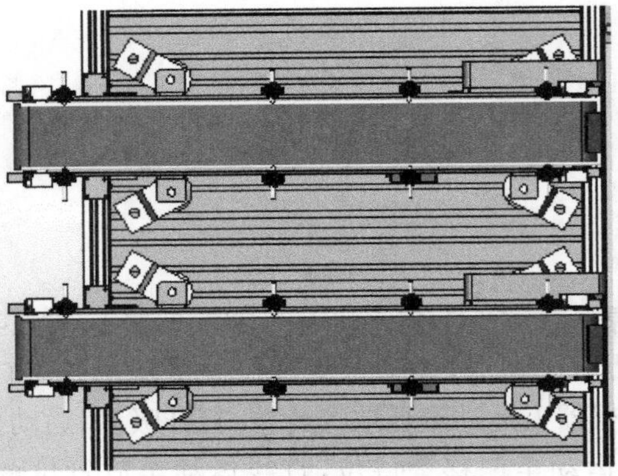

图 3-21　电气接口位置

表 3-4　I/O 对应地址

序号	地址	名称	作用	信号特征
1	I1.0	光电对射	输送线 1# 入口有料检测	信号为 1,有料
2	I1.1	光电对射	输送线 1# 步进有料检测	信号为 1,有料
3	I1.2	光电对射	输送线 1# 出口有料检测	信号为 1,有料
4	I1.3	光电对射	输送线 2# 入口有料检测	信号为 1,有料
5	I1.4	光电对射	输送线 2# 步进有料检测	信号为 1,有料
6	I1.5	光电对射	输送线 2# 出口有料检测	信号为 1,有料
7	Q2.0	电磁阀	控制大吸盘的开关	信号为 1,吸盘打开
8	Q2.1	电磁阀	控制小吸盘的开关	信号为 1,吸盘打开
9	Q0.3	继电器	输送线 1# 运转	信号为 1,皮带转动
10	Q0.4	继电器	输送线 2# 运转	信号为 1,皮带转动

3）机器人点表（表3－5）

表3－5 机器人映像区配置点表

Robot IN	PLC OUT	地址	注释
$IN25	25 INPUT	Q103.0	输送线1#入口工件放置到位
$IN26	26 INPUT	Q103.1	输送线1#出口工件在位
$IN27	27 INPUT	Q103.2	输送线2#入口工件放置到位
$IN28	28 INPUT	Q103.3	输送线2#出口工件在位
$IN39	39 INPUT	Q104.6	1号输送线
$IN40	40 INPUT	Q104.7	2号输送线
$IN41	41 INPUT	Q105.0	选择垛1
$IN42	42 INPUT	Q105.1	选择垛2
Robot OUT	PLC IN	地址	注释
$OUT121	121 OUTPUT	I115.0	大吸盘动作
$OUT122	122 OUTPUT	I115.1	小吸盘动作
$OUT129	129 OUTPUT	I116.0	输送线垛1#码垛完成
$OUT130	130 OUTPUT	I116.1	输送线垛1#拆垛完成
$OUT131	131 OUTPUT	I116.2	输送线垛2#码垛完成
$OUT132	132 OUTPUT	I116.3	输送线垛2#拆垛完成

4）PLC控制流程图（图3－22）

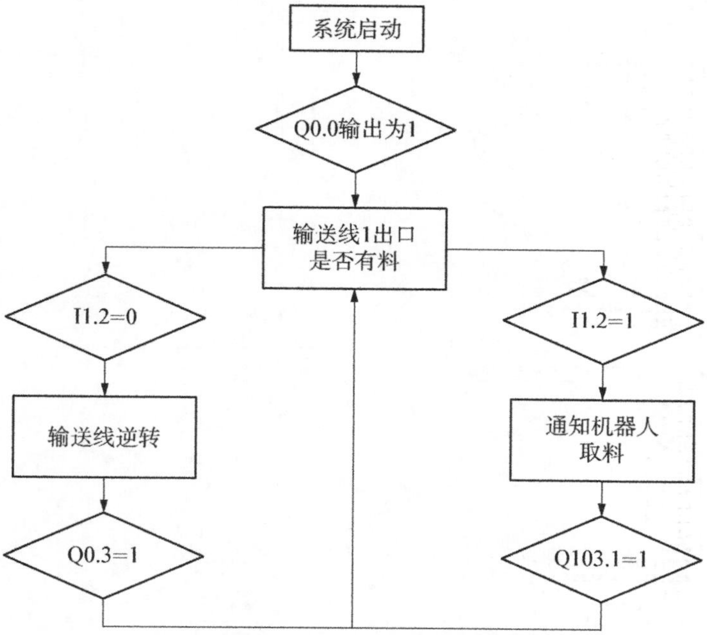

图3－22 PLC控制流程图

5）智能码垛完整实验程序代码(图 3 - 23)

```
&ACCESS RVO1
&REL 1
&PARAM DISKPATH = KRC:\R1\Program
DEF shusong_maduo( )

DECL int cishu
decl int a1 ;工件1宽,40mm,y
decl int b1 ;工件1高,40mm,z
decl int c1 ;工件1长,75mm,x

DECL int m1 ;垛1层,Z
decl int n1 ;垛1列,X
DECL int l1 ;垛1行,Y
DECL int m2 ;垛2层,Z
decl int n2 ;垛2列,X
DECL int l2 ;垛2行,Y

DECL int e1 ;垛1码垛总数
DECL int e2 ;垛2码垛总数
decl e6pos shus_duo1_pianyi;输送垛1偏移位置
decl e6pos shus_duo1_pianyi_dengdai ;输送垛1偏移位置上方等待点

decl e6pos shus_duo2_pianyi;输送垛2偏移位置
decl e6pos shus_duo2_pianyi_dengdai ;输送垛2偏移位置上方等待点

decl int CD_a1 ;工件1宽,40mm,y
decl int CD_b1 ;工件1高,40mm , Z
decl int CD_c1 ;工件1长,75mm,x

DECL int CD_m1 ;垛1层,Z
decl int CD_n1 ;垛1列,X
DECL int CD_l1 ;垛1行,Y
DECL int CD_m2 ;垛2层,Z
decl int CD_n2 ;垛2列,X
DECL int CD_l2 ;垛2行,Y
```

```
DECL int CD_e1 ;垛1码垛总数
DECL int CD_e2 ;垛2码垛总数
decl e6pos CD_shus_duo1_pianyi;输送垛1偏移位置
decl e6pos CD_shus_duo1_pianyi_wait ;输送垛1偏移位置上方等待点

decl e6pos CD_shus_duo2_pianyi;输送垛2偏移位置
decl e6pos CD_shus_duo2_pianyi_wait ;输送垛2偏移位置上方等待点


INI
cishu=1
REPEAT
m1 = 0
n1 = 0
l1 = 0
m2 = 0
n2 = 0
l2 = 0
a1 = 45
b1 = 40
c1 = 80
e1 = 0
e2 = 0
```

```
$out[122]=false
$OUT[200]=FALSE
$OUT[201]=FALSE
$out[123]=FALSE
CD_m1 = 0
CD_n1 = 0
CD_l1 = 0
CD_m2 = 0
CD_n2 = 0
CD_l2 = 0
CD_a1 = 45
CD_b1 = 40
CD_c1 = 80
CD_e1 = 0
CD_e2 = 0
$out[121]=false
$out[122]=false
$OUT[200]=FALSE
$OUT[201]=FALSE
```

```
PTP HOME  VEL= 100 % DEFAULT

m1 = 0
n1 = 0
l1 = 0
m2 = 0
n2 = 0
l2 = 0
a1 = 45
b1 = 40
c1 = 80
e1 = 0
e2 = 0
$OUT[200]=FALSE
$OUT[201]=FALSE
loop
$out[123]=FALSE
;抓取输送线上工件

SPTP SHUSONG_MADUODENGDAI VEL=100 % PDAT5 TOOL[2]:CHANGXIPAN BASE[1]:XIPAN_BASE


WAIT FOR (($IN[39] AND $IN[26]) OR ($IN[40] AND $IN[28]))
```

```
IF ($IN[39]==true) and ($OUT[201]==FALSE) THEN
WAIT FOR $IN[26] == TRUE
SPTP SHUSONG1 ZHUAQUDENGDAI CONT VEL=100 % PDAT1 TOOL[2]:CHANGXIPAN BASE[1]:XIPAN_BASE
;抓取等待位
SLIN SHUSONG1 ZHUAQUDIAN VEL=0.2 M/S CPDAT1 TOOL[2]:CHANGXIPAN BASE[1]:XIPAN_BASE
;抓取位

$out[200]=true
$out[121]=true
$out[122]=true

WAIT TIME=0.5 SEC

SPTP SHUSONG1 ZHUAQUDENGDAI CONT VEL=100 % PDAT4 TOOL[2]:CHANGXIPAN BASE[1]:XIPAN_BASE
;抓取等待位
SPTP SHUSONG MADUODENGDAI VEL=100 % PDAT7 TOOL[2]:CHANGXIPAN BASE[1]:XIPAN_BASE
;码垛等待位

ENDIF


;*************************************
;*   shu song dai 2 zhua qu         *
;*************************************

IF ($IN[40] == true)  and ($OUT[200]==FALSE) THEN
WAIT FOR $IN[28] == TRUE
SPTP SHUSONG2 ZHUAQUDENGDAI CONT VEL=100 % PDAT2 TOOL[2]:CHANGXIPAN BASE[1]:XIPAN_BASE
;抓取等待位
SLIN SHUSONG2 ZHUAQUDIAN VEL=1 M/S CPDAT2 TOOL[2]:CHANGXIPAN BASE[1]:XIPAN_BASE
;抓取位
```

```
SPTP SHUSONG2 ZHUAQUDENGDAI CONT VEL=100 % PDAT3 TOOL[2]:CHANGXIPAN BASE[1]:XIPAN_BASE
;抓取等待位
SPTP SHUSONG MADUODENGDAI VEL=100 % PDAT8 TOOL[2]:CHANGXIPAN BASE[1]:XIPAN_BASE
;码垛等待位

ENDIF


wait for ($in[41]  or $in[42])

IF  ($IN[41])   THEN
SPTP SHUS DUO1FANGZHI WAIT VEL=100 % PDAT10 TOOL[2]:CHANGXIPAN BASE[1]:XIPAN_BASE
;垛1放置等待位
SPTP SHUS DUO1PUT PIONT VEL=100 % PDAT11 TOOL[2]:CHANGXIPAN BASE[1]:XIPAN_BASE
;垛1放置位（1号物块位置）

shus_duo1_pianyi_dengdai = Xshus_duo1put_piont  ;定义变量

shus_duo1_pianyi_dengdai.x = shus_duo1_pianyi_dengdai.x+c1*n1
shus_duo1_pianyi_dengdai.y = shus_duo1_pianyi_dengdai.y-a1*l1
shus_duo1_pianyi_dengdai.Z = shus_duo1_pianyi_dengdai.Z+b1*(m1+1)  ;赋值

sptp shus_duo1_pianyi_dengdai

$OV_PRO=50;全速的百分比
$VEL.cp=0.3;末端运行速度
$ACC.cp=3;运行加速度

shus_duo1_pianyi = Xshus_duo1put_piont  ;定义变量

shus_duo1_pianyi.x = shus_duo1_pianyi.x+c1*n1
shus_duo1_pianyi.y = shus_duo1_pianyi.y-a1*l1
shus_duo1_pianyi.Z = shus_duo1_pianyi.Z+b1*m1  ;赋值
```

```
slin shus_duo1_pianyi
;（垂直放置） xiugai
$out[121]=false
$out[122]=false

slin shus_duo1_pianyi_dengdai
;（垂直提起）

n1 = n1+1   ;x

if n1>=2 then
l1 = l1+1   ;y
n1 = 0
endif

if l1>=3 then
m1= m1+1    ;z
l1 = 0
n1 = 0
endif

e1 = 6*m1+n1+2*l1

$OUT[200]=FALSE
$OUT[201]=FALSE

endif

if e1 > 11 then
PTP HOME  VEL= 100 % DEFAULT

PULSE 129 '' STATE=TRUE CONT TIME=2 SEC
EXIT
endif
```

```
IF $IN[42] == TRUE THEN

SPTP SHUS_DUO2FANGZHI WAIT VEL=100 % PDAT9 TOOL[2]:CHANGXIPAN BASE[1]:XIPAN_BASE

SPTP SHUS_DUO2PUT_PIONT VEL=100 % PDAT12 TOOL[2]:CHANGXIPAN BASE[1]:XIPAN_BASE


shus_duo2_pianyi_dengdai = Xshus_duo2put_piont
shus_duo2_pianyi_dengdai.x = shus_duo2_pianyi_dengdai.x+c1*n2
shus_duo2_pianyi_dengdai.y = shus_duo2_pianyi_dengdai.y-a1*l2
shus_duo2_pianyi_dengdai.Z = shus_duo2_pianyi_dengdai.Z+b1*(m2+1)

sptp shus_duo2_pianyi_dengdai

$OV_PRO=50;全速的百分比
$VEL.cp=0.3;末端运行速度
$ACC.cp=3;运行加速度
shus_duo2_pianyi = Xshus_duo2put_piont
shus_duo2_pianyi.x = shus_duo2_pianyi.x+c1*n2
shus_duo2_pianyi.y = shus_duo2_pianyi.y-a1*l2
shus_duo2_pianyi.Z = shus_duo2_pianyi.Z+b1*m2

slin shus_duo2_pianyi

$out[121]=false
$out[122]=false

slin shus_duo2_pianyi_dengdai

n2 = n2+1    ;x


if n2>=2 then
l2 = l2+1    ;y
n2 = 0
endif

if l2>=3 then
m2= m2+1     ;z
l2 = 0
n2 = 0
endif

e2 = 6*m2+n2+2*l2    ;码垛的物块个数

$OUT[200]=FALSE
$OUT[201]=FALSE
ENDIF


if e2 > 11 then    ;两层
PTP HOME VEL=100 % DEFAULT

PULSE 131 '' STATE=TRUE CONT TIME=2 SEC
EXIT
endif
endloop
```

图 3-23 智能码垛完整实验程序示意图

思考与练习

(1) 试阐述柔性制造系统相对制造流水线的共同性和特殊性。

(2) 以机器人为核心设备的柔性制造系统,其控制系统有什么特色?试阐述其主要功能和实现办法。

(3) 传感技术对柔性制造系统自动化有何重大意义?试举例说明它在柔性制造系统以外的应用。

(4) 简要指出视觉传感器、光电传感器和位移传感器的工作原理,并举例说明它们在柔性制造系统中的应用。

(5) 试分析柔性制造系统(FMS)与柔性零件加工系统(FMC)的共性和个性。

参考文献

[1] 郭聚东,钱惠芬. 柔性制造系统的优势及发展趋势[J]. 轻工机械,2004(4): 4-6.

[2] 熊光军. 工程机械产品加工中柔性制造系统的实践探讨[J]. 科技风，2017(5)：181.
[3] 周旭. 现代传感器技术[M]. 北京：国防工业出版社，2007.
[4] 郝久清，肖立. PLC 控制系统的可靠性设计[J]. 自动化仪表，2005(11)：21 - 24.
[5] 陈延奎. 浅谈 PLC 控制系统的设计方法[J]. 中国科技信息，2009(20)：116 - 118.
[6] 谈世哲，梅志千，杨汝清. 基于 DSP 的工业机器人控制器的设计与实现[J]. 机器人，2002(2)：39 - 44.
[7] 王侦. 面向工业机器人控制器的运动控制与仿真软件设计与实现[D]. 南京：东南大学，2015.
[8] 李国亮. 开放式机器人控制器及视觉控制的研究与实现[D]. 北京：中国科学院自动化研究所，2001.
[9] 机器人码垛生产线[J]. 中国包装工业，2003(6)：15.

第4章

柔性制造系统的构成

4.1 加工系统

4.1.1 加工设备的要求及其配置

1) FMS对加工设备的要求

一般来说，不是任何加工设备都可以纳入FMS运行的，FMS对集成于其中的加工设备的具体要求如下：

(1) 工序集中。这是FMS中机床最重要的特点。由于柔性制造系统是高度自动化的制造系统，价格昂贵，因此要求加工设备的数目尽量少，并能接近满负荷工作。此外，加工工位少可以减轻工件流的输送负担，还可保证工件的加工质量。所以工序集中成为柔性制造系统中的机床的主要特征。

(2) 高柔性与高生产率。为了满足生产柔性化和高生产率要求，近年来在机床结构设计上形成两个发展方向：柔性化组合机床和模块化加工中心。柔性化组合机床又称"可调式机床"，如自动更换主轴箱机床和转塔主轴箱机床。这就是把过去适合大批量生产的机床进行柔性化。模块化加工中心就是把加工中心也设计成由若干通用部件、标准模块组成，根据加工对象的不同要求组合成不同的加工中心。

(3) 易控制性。柔性制造系统是采用计算机控制的集成化的制造系统，所采用的机床必须适合纳入整个控制系统。因此，机床的控制系统要能够实现自动循环，能够适应加工对象改变时易于重新调整的要求。

另外FMS中的所有设备受到本身数控系统和整个计算机控制系统的调度、指挥，要能实现动态调度、资源共享，就必须在各机床之间建立必要的接口和标准，以便准确及时地实现数据通信与交换，使各个生产设备、运储系统和控制系统等协调地工作。

2) 加工设备的配置

在FMS中运行的加工设备，应当是可靠、自动化和高效率的。在选择时，要考虑到该FMS加工零件的尺寸范围、经济效益、零件的工艺性、加工精度和材料等。换言之，FMS的加工能力完全是由其所包含的机床来确定的。现在，加工棱体类零件的FMS技术比加工回转体零件的更成熟。对于棱体类零件，机床的选择通常都在各种牌号的立式和卧式加工中心及专用机床(如可换主轴箱)之中进行。

对于纯粹棱体类零件的加工，可以采用立式转塔车床。对于长径比小于2的回转体零件，不需要进行大量铣、钻和攻螺纹加工的圆盘、轮鼓或轮盘，通常也是放在加工棱体类零件的FMS上进行加工的。系统可由加工中心与立式转塔车床组成，尤其是当立式转塔车床与卧式加工中心结合使用时，通常每种零件都需要较多的夹具，因为这两种机床的旋转轴不同。这个问题可以通过在卧式机床上采用可倾式回转工作台来解决。但也应当考虑到在标准加工中心上增加可倾式回转工作台将大大增加其成本（因为事实上已成为一台五坐标机床），此外，托盘、夹具和零件都悬伸出工作台外，由于下垂和加剧磨损等，使精度问题更为严重。

加工纯粹回转体零件（杆和轴）的 FMS 技术现在仍处在发展阶段。可以把具有加工轴类和盘类工件能力的标准 CNC 车床结合起来，构成一个加工回转体零件的 FMS。

在 FMS 中待加工生产的零件族决定着这些加工中心所需要的功率、加工尺寸范围和精度。FMS 适用于中小批量生产，既要兼顾对生产率和柔性的要求，又要考虑系统的可靠性和机床的负荷率。因此就产生了互替形式、互补形式及混合形式等多种类型的机床配置方案。

(1) 互替机床就是纳入系统的机床是可以互相代替的。例如，由数台加工中心组成的柔性制造系统，由于在加工中心可以完成多种工序的加工，有时一台加工中心就能完成工件的全部加工工序，工件可随机地输送到系统中任何恰好空闲的加工工位。系统又有较大的柔性和较宽的工艺范围，而且可以达到较高的时间利用率。从系统的输入和输出角度来看，它们是并联环节，因而增加了系统的可靠性，即当某一台机床发生故障时，系统仍能正常工作，但系统中的机床具有冗余度。

(2) 互补机床就是纳入系统的机床是互相补充的，各自完成某些特定的工序，各机床之间不能互相取代，工件在一定程度上必须按顺序经过各加工工位。它的特点是生产率较高，对机床的技术利用率较高，也可以充分发挥机床的性能。从系统的输入和输出角度来看，互补机床是串联环节，它减少了系统的可靠性，当某台机床发生故障时，系统就不能正常工作。

互替机床和互补机床的特征比较见表 4-1。

表 4-1　互替机床和互补机床的特征比较

特　　征	互替机床	互补机床
简图	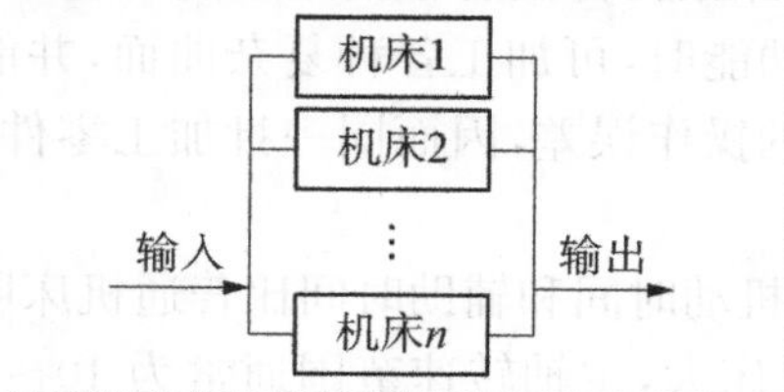	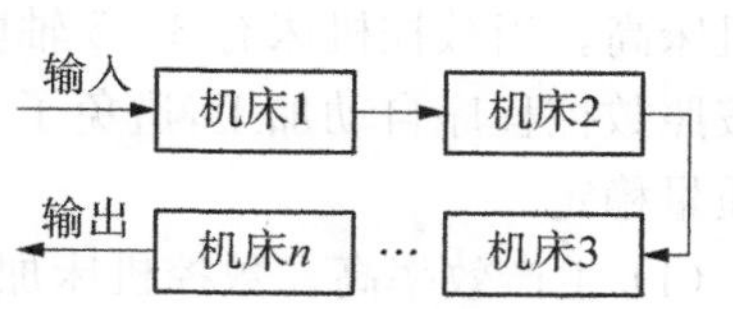
柔性	较高	较低
工艺范围	较宽	较窄
时间利用率	较高	较低
技术利用率	较低	较高
生产率	较低	较高
价格	较高	较低
系统可靠性	增加	减少

(3) 现有的柔性制造系统大多是互替机床和互补机床的混合使用，即 FMS 中的有些设备按互替形式布置，而另一些机床则以互补方式安排，以发挥各自的优点。

在某些情况下个别机床的负荷率很低。例如，基面加工机床（对铸件通常是铣床，对回转体通常是铣端面、打中心孔机床等）所采用的切削用量较大、加工内容简单和单件时间短。加上基面加工和后续工序之间往往要更换夹具，要实现自动化也有一定困难。因此常将这种机床放在柔性系统外，作为前置工区，由人工操作。当某些工序加工要求较高或实现自动化还有一定困难时，也可采取类似方法，如精镗加工工序、检验工序和清洗工序等可作为后置工区，由人工操作。

4.1.2 自动化加工设备

1）一般数控机床

数控机床是一种由数字信号控制其工作过程的自动化机床。现代数控机床一般采用计算机控制，即 CNC 控制，数控机床是实现柔性制造的基本加工设备。一般数控机床通常是指数控车床、数控铣床和数控镗铣床等，它们的特点对其组成柔性制造系统、实现自动化加工工程是非常重要的。

（1）柔性高。数控机床按照数控程序加工零件，当加工零件改变时，一般只需要更换数控程序和配备所需的刀具，不需要靠模块和样板等专用工艺装备。数控机床可以很快地从加工一种零件转变为加工另一种零件，生产准备周期短，适合于多品种、小批量生产。

（2）自动化程度高。数控程序是数控机床加工零件所需的几何信息和工艺信息的集合。几何信息有走刀路径、插补参数、刀具长度和半径补偿值；工艺信息有刀具、主轴转速、进给速度和冷却液开/关等。在切削加工过程中，根据数控程序自动实现刀具和工件的相对运动，自动变换切削速度和进给速度，自动开/关冷却液，数控车床自动转位换刀。操作者的任务是装卸工件、换刀、操作按键和监视加工过程等。

（3）加工精度高。现代数控机床装备有 CNC 数控装置和新型伺服系统，具有很高的控制精度，普遍达到 0.1 μm，高精度数控机床可达到 0.01 μm。数控机床的进给伺服系统采用闭环或半闭环控制，对反向间隙和丝杠螺距误差及刀具磨损进行补偿，因而数控机床能达到较高的加工精度。数控机床的传动系统和机床结构都具有很高的刚度和稳定性，制造精度也比普通机床高。当数控机床有 3～5 轴联动功能时，可加工各种复杂曲面，并能获得较高精度。由于按照数控程序自动加工，避免了人为的操作误差，因而同一批加工零件的尺寸一致性好，加工质量稳定。

（4）生产效率高。数控机床加工的机动时间和辅助时间比普通机床明显减少。数控机床主轴转速范围和进给速度范围比普通机床大，主轴转速范围通常为 10～6 000 r/min，高速切削加工时可达 20 000 r/min，进给速度范围上限可达到 10～12 m/min，高速切削加工进给速度甚至超过 30 m/min，快速移动速度超过 30～60 m/min。主运动和进给运动一般为无级变速，每道工序都能选用最优的切削用量，空行程时间明显减少。数控机床的主轴电动机和进给驱动电动机的驱动能力比同规格的普通机床大，机床的结构刚度高，有的数控机床能进行强力切削，可有效地减少机动时间。

（5）具有刀具寿命管理功能。构成 FMC 和 FMS 的数控机床具有刀具寿命管理功能，可对每把刀的切削时间进行统计，当达到给定的刀具耐用度时，自动换下磨损刀具，并换上备用刀具。

（6）具有通信功能。现代 CNC 数控机床一般都具有通信接口，可以实现上层计算机与 CNC 之间的通信，也可以实现几台 CNC 之间的数据通信，同时还可以直接对几台 CNC 进行控制。

2）车削中心（TC）

对于常用的数控车床，一般具有如下运动功能：主轴的旋转运动（c 轴），转塔刀架的纵向和横向运动(z 轴和 x 轴),尾架的纵向运动(x 轴)。当给数控车床附设自动换刀装置后,它便具有复合加工的功能,构成了车削中心。

车削中心比数控车床工艺范围宽,工件一次安装几乎能完成所有表面的加工,如内外圆表面、端面、沟槽、内外圆及端面上的螺旋槽、非回转轴心线上的轴向孔和径向孔等。

车削中心按其轴的方向是水平或垂直分为卧式和立式两大类。目前,运行中的 TC 种类并不多,这是由于 x、z 和 c 轴的配置几乎固定。卧式 TC 一般按下述三个原则来进行分类:

(1) 有无 y 轴功能。

(2) 实现 y 轴和 x 轴运动功能的方法,即把这些功能分配给主轴或大拖板(转塔刀架)的方法。

(3) 有无转台或回转立柱的结构和自动换刀装置。

例如,卧式车削加工中心分为二轴控制式和四轴控制式。而三轴控制式又分为主轴固定式和移动式。四轴控制式分为主轴移动式和刀头移动式等。

三坐标的 TC 机床在结构上还附加了主轴的固定和分度功能,在转塔刀架上装有旋转刀具。这样一来,工件固定在一定位置上可进行外平面加工和径向孔加工等复合加工,以增加 TC 机床的柔性复合加工功能。

四坐标 TC 的运动功能是在二坐标 TC 运动功能上增加转塔刀架或主轴头上下(y 轴)运动的功能,四轴控制加工用 TC 如图 4-1 所示,由于增加了一个运动轴,使加工的零件更多样化。

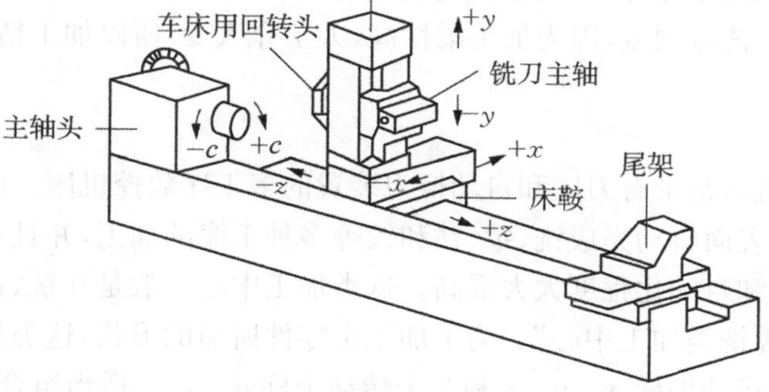

图 4-1 四轴控制加工用 TC

图 4-2 是一种车削中心的简图,轮毂式刀库位于机床右侧,其回转定位通过交流伺服电动机和一个蜗杆副来实现。刀库可容纳 60 把刀具,换刀机械手用于转塔刀架和轮毂式刀库之间刀具的交换。刀具机械手的移动由交流伺服电动机驱动,刀具的夹紧和松开则由液压系统控制。这种换刀装置机构比较复杂但柔性程度较高,刀库容量可扩展,并可与刀具监控系统连接,在刀具磨损、破损后自动换刀。

车削中心回转刀架上可安装如钻头、铣刀、铰刀和丝锥等回转刀具,它们由单独电动机驱动,也称“自驱动刀具”。在车削中心上用自驱动刀具对工件的加工分为两种情况:

(1) 主轴分度定位后固定,对工件进行钻、铣和攻螺纹等加工。

(2) 主轴运动作为一个控制轴(c 轴),c 轴运动和 x、z 轴运动合成为进给运动,即三坐标联动,铣刀在工件表面上铣削各种形状的沟槽、凸台和平面等。在很多情况下,工件无须专门安排一道工序单独进行钻、铣加工,消除了二次安装引起的同轴度误差,缩短了加工周期。

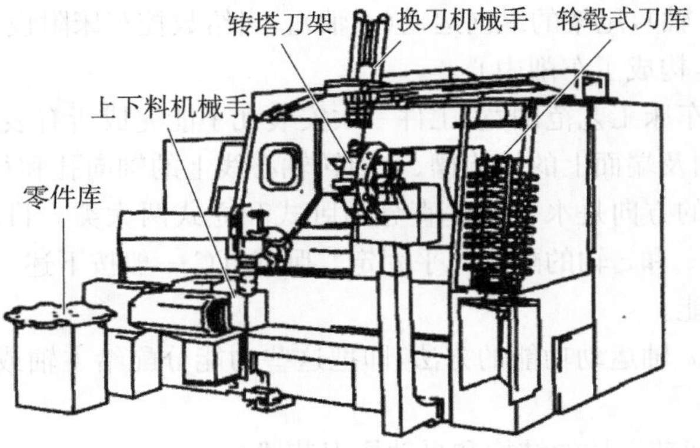

图 4-2　车削中心的简图

车削中心回转刀架通常可装 12～16 把刀具，这对无人看管的柔性加工来说，刀具数是不够的。因此有的车削中心装备有刀具库，刀具库有筒形或链形，刀具更换和存储系统位于机床一侧，刀库和刀架间的刀具交换由机械手或专门机构完成。

车削中心采用可快速更换的卡盘和卡爪，普通卡爪更换时间需要 20～30 min，而快速更换卡盘、卡爪的时间可控制在 2 min 以内。卡盘有 3～5 套快速更换卡爪，以适应不同直径的工件。如果工件直径变化很大，则需要更换卡盘。有时也采用人工在机床外部用卡盘夹持好工件，用夹持有新工件的卡盘更换已加工的工件卡盘，工件—卡盘系统更换常采用自动更换装置。由于工件装卸在机床外部，实现了辅助时间和机动时间的重合，因而几乎没有停机时间。

现代车削中心工艺范围宽，因为加工柔性高，人工介入少，所以加工精度、生产效率和机床利用都会大大提高。

3）加工中心

数控加工中心机床是带有刀库和自动换刀装置的多工序数控机床。由于工件经一次装夹后，能对两个以上的表面自动完成铣、镗、钻和铰等多种工序的加工，并且有多种换刀或选刀功能，从而使生产效率和自动化程度大大提高。这类加工中心一般是在铣、镗床的基础上发展起来的，因此也称为“镗铣类加工中心”。为了加工出零件所需的形状，这类机床至少有 3 个坐标运动，即由 3 个直线运动坐标 x、y、z 和 3 个转动坐标 a、b、c 适当组合而成，按控制轴数的多少可对加工中心分类如下：

（1）三坐标加工中心 x、y、z 轴可以同时控制，有些也具有工作台分度功能（b 轴功能）。

（2）四坐标加工中心 x、y、z 轴和 b 轴可以同时控制。

（3）五坐标加工中心在四坐标的基础上，附加 a 轴或 c 轴功能。

加工中心主要用于加工箱体及壳体类零件，工艺范围广。目前已成为一类广泛应用的自动化加工设备，它们可作为单机使用也可作为 FMC、FMS 中的单元加工设备。加工中心有立式和卧式两种基本形式。前者适合于平面形零件的单面加工，后者特别适合于大型箱体零件的多面加工。加工中心也有立卧两用加工中心（又称“五面体加工中心”）等。

加工中心除了具有一般数控机床的特点外，它还具有其自身的特点。加工中心必须具有刀具库及自动换刀机构，其结构形式和布局是多种多样的。刀具库通常位于机床的侧面或顶部。刀具库远离工作主轴的优点是少受切屑液的污染，使操作者在调换库中刀具时免受伤害。FMC 和 FMS 中的加工中心通常需要大量刀具，除了满足不同零件的加工外，还需要后备刀具,以实现在加工过程中实时更换破损刀具和磨损刀具,因而要求刀库的容量较大。换刀机械手有单臂机械手和双臂机械手,180°布置的双臂机械手应用最普遍。加工中心刀具的存取方式有顺序方式和随机方式,刀具随机存取是最主要的方式。随机存取就是在任何时候可以取用刀库中任一把刀,选刀次序是任意的,可以多次选取同一把刀,从主轴卸下的刀具允许放在不同于先前所在的刀座上,CNC可以记忆刀具所在的位置。采用顺序存取方式时,刀具严格按数控程序调用刀具的次序排列。程序开始时,刀具按照排列次序一个接着一个取用,用过的刀具放回原刀座上以保持确定的顺序不变。正确地安放刀具是成功地执行数控程序的基本条件。

加工中心的交换工作台和托盘交换装置配合使用,实现了工件的自动更换,从而缩短了消耗在更换工件上的辅助时间。图4-3为美国White Sundstrand公司生产的OMNIMIL80系列加工中心的外形,是典型的适应柔性制造系统需要的加工中心机床。它是按照模块化原理设计的,机床由主轴头、换刀机构和刀库、立柱(y轴坐标)、立柱底座(z轴坐标)、工作台和工作台底座(x轴坐标)等部件组成。其模块化组合原理如图4-4所示。

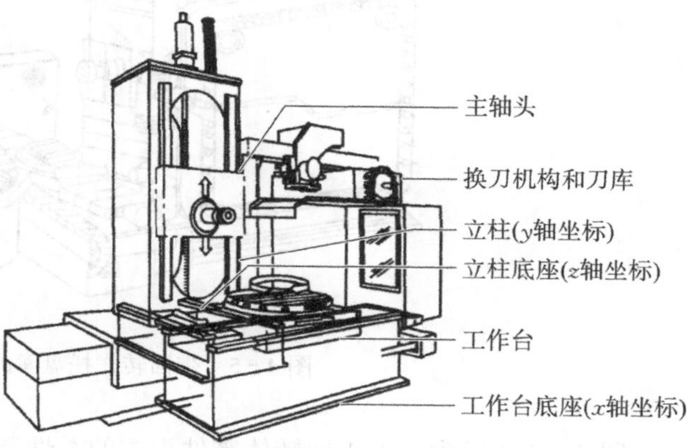

图4-3　OMNIMIL80系列加工中心外形

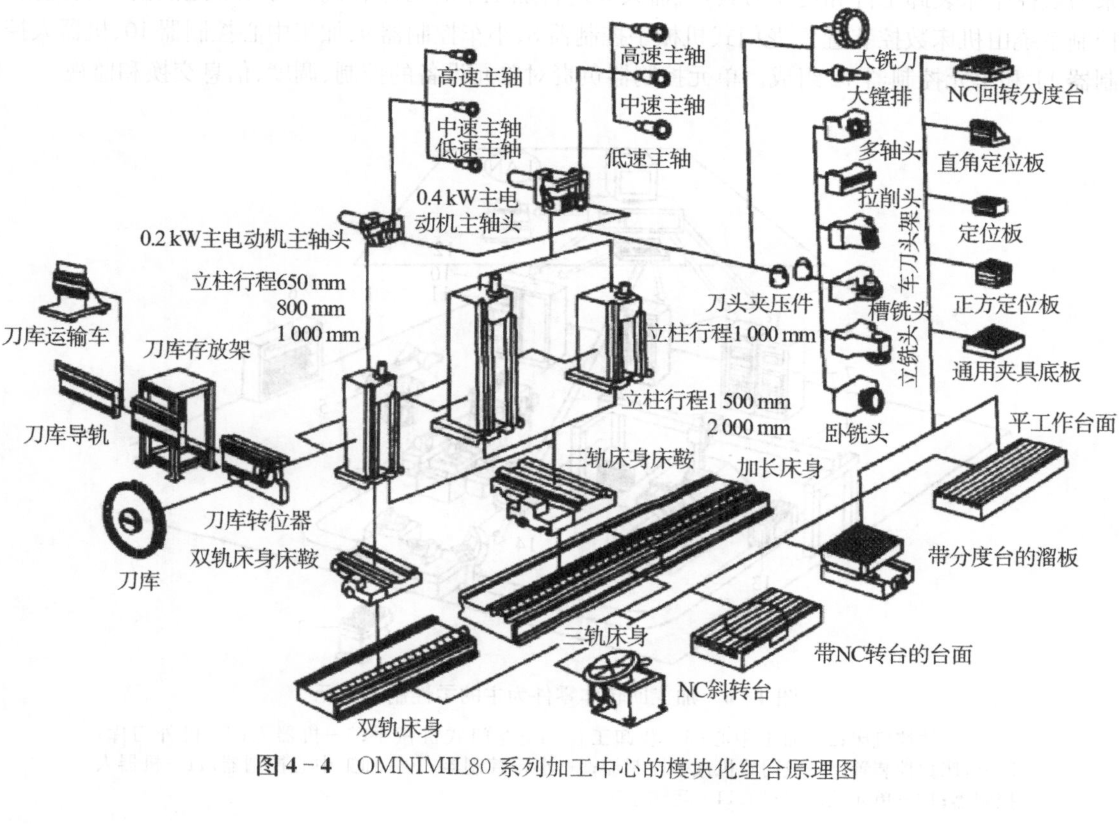

图4-4　OMNIMIL80系列加工中心的模块化组合原理图

图 4-5 所示为一带回转式托盘库的卧式加工中心，用于加工棱体零件。刀库容量为 70 把刀，采用双机械手，配有 8 工位自动交换的回转式托盘库，托盘库台面支撑在圆柱环形导轨上，由内侧的环链拖动而回转，链轮由电动机驱动。托盘的选择和定位由可编程控制器控制，托盘库具有正反向回转、随机选择及跳跃分度功能。托盘的交换由设在台面中央的液压推拉机构实现。托盘库旁设有工件装卸工位，机床的两侧设有自动排屑装置。

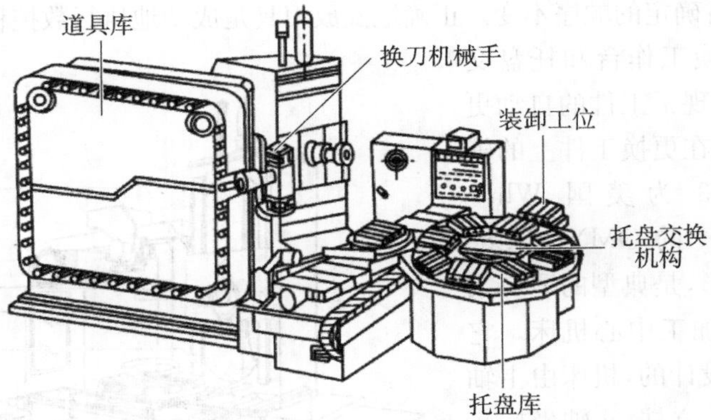

图 4-5 带回转式托盘库的卧式加工中心

图 4-6 所示为一加工回转体零件为主的柔性制造单元。包含 1 台数控车床、1 台加工中心和 2 台运输小车，用于装卸工位 3、数控车床 1 和加工中心 2 之间的输送，龙门式机械手 4 用来为数控车床装卸工件和更换刀具，机器人 5 进行加工中心刀库和机外刀库 6 之间的刀具交换。控制系统由机床数控装置 7、龙门式机械手控制器 8、小车控制器 9、加工中心控制器 10、机器人控制器 11 和单元控制器 12 组成。单元控制器负责对单元设备的控制、调度、信息交换和监视。

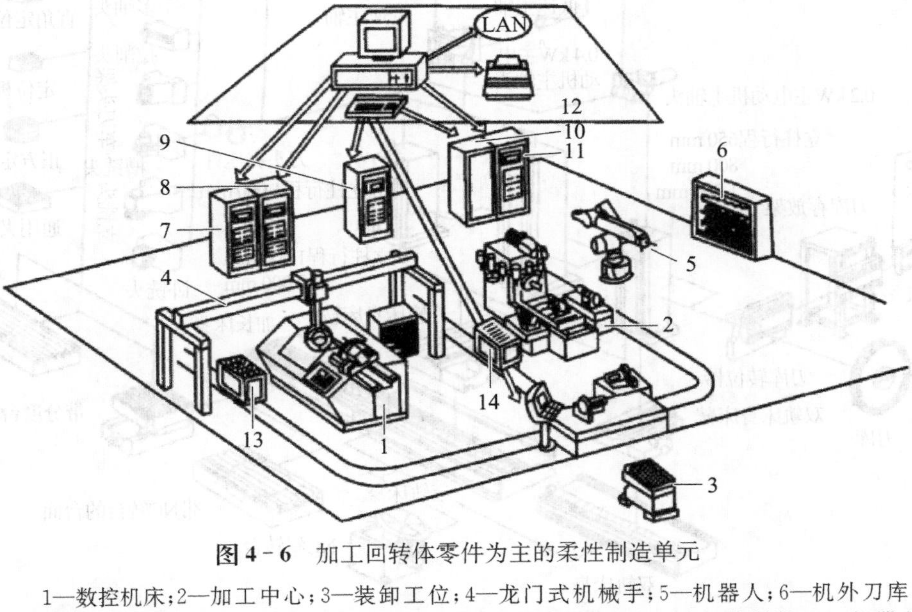

图 4-6 加工回转体零件为主的柔性制造单元

1—数控机床；2—加工中心；3—装卸工位；4—龙门式机械手；5—机器人；6—机外刀库；7—机床数控装置；8—龙门式机械手控制器；9—小车控制器；10—加工中心控制器；11—机器人控制器；12—单元控制器；13、14—运输小车

4.1.3 自动化加工设备在FMS中的集成与控制

柔性制造系统一般由多台加工设备组成，各加工设备之间必须进行协调一致的工作，为此必须对加工设备进行集成和控制。

(1) 数字控制。数控机床是大规模集成电路、高精度电动机位置伺服控制系统和转速控制系统与多坐标机床结合的产物。它采用硬件逻辑控制，用可编程控制器进行加工动作和辅助动作的程序控制，由存储器来存储NC程序和PLC程序，并由数字硬件电路来完成NC程序中的移动指令和插补运算。系统具有NC程序编程支持功能，操作人员可手工在系统上编程。同时，系统也有通信功能，可接受自动编程机或CAD/CAM系统生成的NC程序。

(2) 自适应控制。数控机床上的自适应控制主要具有三个方面的功能：①检测及识别加工环境中影响机床性能的随机性变化；②决定如何修正控制策略或修正控制器的某些部分，以获得最优的加工性能；③修正控制策略，以实现期望的决策。由此可见，自适应控制的三个基本任务是：识别、决策和修改。

(3) 控制传感器。为了满足数控系统的需要，必须对刀具和工作台的位移及转角、驱动装置的速度、切削力和转矩、刀具与切削面的距离、刀具温度和切削深度参数进行测量。因此设置有各类传感器，如位置与速度传感器、温度传感器、力和力矩传感器、触觉传感器、光学传感器、接近传感器、工件材质传感器和声学传感器等。

(4) 计算机数字控制。CNC系统与NC系统的功能基本相同，只不过系统中包含有一套计算机系统。逻辑控制、几何数据处理及NC程序执行等许多控制均由计算机来实现，具有更强的柔性。

(5) 集成化DNC系统。通常NC或CNC系统具有串行数据通信接口，可用于实现NC程序的双向传送功能。如果CNC系统支持DNC功能，则可通过串行接口及计算机网络来连接FMS系统控制器，如同济大学CIMS研究中心的示范FMS系统(ALSYS)。如果CNC系统不支持DNC功能，一般较难集成到FMS系统中去。但也可以对原有机床的PLC进行一些改造，使CNC系统能够接收简单的加工动作控制指令，并可反馈一些必需的加工和动作状态，这样也可以通过串行接口来连接FMS控制器，如上海第四机床厂的箱体工件FMS系统(SJ-FMS)。

(6) 通过网络的通信集成。现代的CNC提供了通过PLC网络(SIEMENS SINECL1,2或H)和通过CNC系统直接支持以太网(HELLER CNC系统)的通信集成方式。它具有通信可靠、通信速度快、系统开放性好及控制功能全的优点，是DNC系统发展和应用的方向。

4.2 物流系统

4.2.1 物流系统的功能与组成

伴随着制造过程的进行，柔性制造系统中的物流系统主要包括以下三个方面：

(1) 原材料、半成品和成品所构成的工件流。

(2) 刀具、夹具所构成的工具流。

(3) 托盘、辅助材料和备件等所构成的配套流。

其中最主要的是工件、刀具等的流动，这是加工系统中各工作站间的纽带，用以保证柔性制造系统正常有效地运行。

物流系统是柔性制造系统的重要分系统，它是物料（毛坯、半成品、成品及工具等）的存储、输送和分配的计算机控制和管理系统。一个工件由毛坯到成品的整个生产过程中，只有相当一小部分的时间是用在机床进行切削加工上的，而大部分时间是用于物料的传递过程。FMS中的物流系统与传统的自动线或流水线有很大的差别，它的工件输送系统是不按固定节拍强迫运送工件的，而且也没有固定的顺序，甚至是几种工件混杂在一起输送的。也就是说，整个工件输送系统的工作状态是可以进行随机调度的，而且均设置有储料库以调节各工位上加工时间的差异。统计资料表明：在柔性机械制造系统中，物料的传输时间占整个生产时间的80%左右，物料传输与存储费用占整个零部件加工费用的30%～40%，由此可见物流系统的自动化水平和性能将直接影响柔性制造系统的自动化水平和性能。

1）物流系统的功能

在柔性制造系统中，物流系统主要完成两种不同的工作：

（1）工件毛坯、原材料、工具和配套件等由外界搬运进系统，以及将加工好的成品和换下的工具从系统中搬走。

（2）工件、工具和配套件等在系统内部的搬运和存储。在一般情况下前者是需要人工干预的，而后者可以在计算机的统一管理和控制下自动完成。物流系统主要完成物料的存储、输送、装卸和管理等功能。

① 存储功能。在柔性制造系统中，在制造工件中有相当数量的工件不处于加工和处理状态，即有不少工件处于等待状态，这些处于等待状态的毛坯、半成品、成品和成品组件等需要进行存储或缓存。

② 输送功能。根据上级计算机的指令和下级设备（如加工中心、自动仓库、缓冲站和三坐标测量机等）的反馈信息，自动将物料通过输送设备准确适时地送到指定位置，完成物料在工作站间的流动，以实现各种加工处理顺序和要求。

③ 装卸功能。物流系统必须为柔性制造系统提供装卸装置，一方面完成工件在托盘上的装卸，另一方面实现输送装置与加工设备之间的连接。

④ 管理功能。物料在柔性制造系统中不断流动，从存储等待位置送到加工位置，从一个加工位置送到另一个加工位置，物料不断加工，其性质（如毛坯成为半成品、成品）和数量（毛坯数量减少、成品数量增多、成品和废品数量等）都在输送过程中不断有变化，这就需要对物料进行有效的识别和管理。

2）物流系统的组成

物流系统按其物料不同，可分为工件流支持系统和刀具流支持系统。工件流支持系统主要完成工件、夹具、托盘、辅料及配件等在各个加工工位间及各个辅助工位间的输送，完成工件向加工设备间的输送与位置交换。刀具流支持系统主要完成适时地向加工单元提供加工所需的刀具，取走已用过及耐用度耗尽的刀具。

物流系统的组成如图4-7所示。工件流支持系统是由工件装卸工作站、自动化仓库、工件输送装置和随行托盘缓冲站等组成。刀具流支持系统由刀具库、刀具组装站、刀具预调站及刀具输送装置等组成。

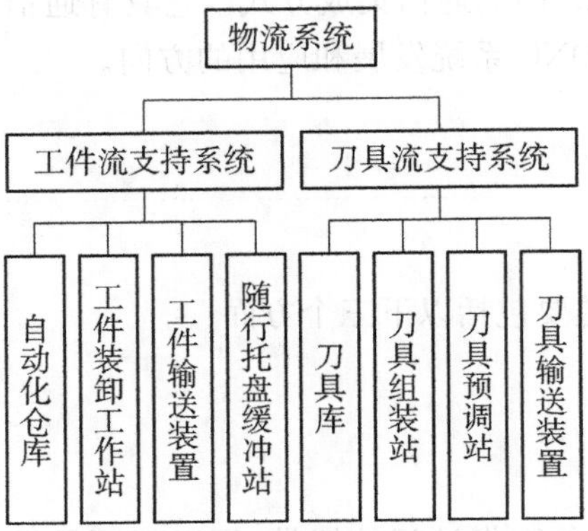

图4-7 物流系统的组成框图

4.2.2 工件流支持系统

4.2.2.1 工件流支持系统的构成

为了充分发挥FMS的效益，使系统具有最高的开动率，FMS一般要24 h工作，而通常在系统夜班工作时，只配值班人员，不配操作工人。因此，日班工人必须为夜班准备足够加工用的毛坯，并将其定位装夹在随行夹具和(或)托盘上。为此，系统中必须设置存储随行夹具和托盘的自动仓库，装载有各类工件的托盘存储在仓库的相应位置上。为了使柔性制造系统中的各台加工设备都能不停地工作，工件流支持系统内一般装有较多工件并循环连续流动，当某台机床加工完毕后，工件(随同托盘)自动送入输送系统，缓冲工位排队等待加工的工件自动送入加工工位，并从输送系统中选择另一适合该机床加工的工件输入缓冲工位。加工完了的成品进入装卸工位进行换装，送入自动仓库存储。半成品则继续留在输送系统内，等待选择机床进行加工。因此工件及其夹具在柔性制造系统中的流动是输送和存储两种功能的有机结合。除了设置适当的中央料库和托盘库外，为了不致阻塞工件向其他工位的输送，输送线路中可设置若干个侧回路或多个交叉点的并行料库以暂时存放故障工位上的工件。如果物料系统中随行托盘的输送彼此互不超越时，也可使输送小车或随行托盘作循环运行而不必另设特殊的缓冲区。

从上述工件流支持系统的工作过程可以看出，为了使柔性制造系统正常工作，工件流支持系统一般由自动化仓库、装卸工作站、工件输送系统及缓冲站四部分组成。典型的工件流支持系统的控制框图如图4-8所示。

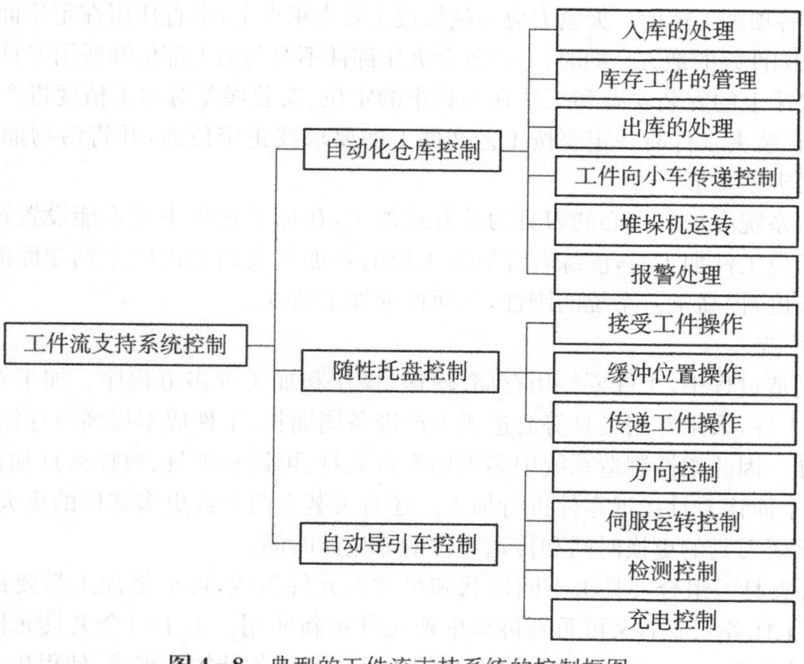

图4-8 典型的工件流支持系统的控制框图

4.2.2.2 工件的装夹及夹具系统

1) 工件的装夹

零件在进入FMS中进行加工前，必须装夹在托盘夹具上。在柔性制造系统生产方式下，加工设备主要是数控机床和加工中心，被加工零件的结构要素的位置尺寸是由机床自动获取、确定和保证。因此需要夹具把工件精确地载入机床坐标系中，保证工件在机床坐标系中位置的已知性。在这种生产方式下，被加工工件多数只经一次装夹，就可连续地对其各待加工表面自动完成钻、扩、铰和铣等粗、精加工，也就是说，用一个夹具便能完成工件大部分或全部待加工表面的加工。为此在制定柔性制造系统中工件的加工工艺方案时要尽量考虑“工序集中”的原则，其优点如下：

（1）可减少工件的装夹次数，消除多次装夹的定位误差，提高加工精度。特别是当工件各加工部位的位置精度要求较高时，采用柔性制造系统工艺方案加工能在一次装夹中将各个部位加工出来，避免了工件多次装夹所带来的定位误差，既有利于保证各加工部位位置精度的要求，又可减少装卸工件的辅助时间，节省大量的专用和通用工艺装备，降低生产成本。

（2）多工序集中要使用各种各样的刀具，特别是在柔性制造系统中的卧式加工中心上，要对工件四周进行加工，在机床上工件安装区域周围的大部分空间都被切削刀具运动轨迹所占去，而固定工件所需的夹具的安装空间却减少很多。工件的夹具既要能适应粗加工时切削力大、刚度高和夹紧力大的要求，又要适应精加工时定位精度高、工件夹紧变形尽可能小的要求。

具体在装夹时应遵守六点定位原则。在选择定位基准时，全面考虑各个工位加工情况，满足以下三个准则：

（1）所选基准应能保证工件定位准确、装卸工件方便，能迅速完成工件的定位和夹紧，夹压可靠，且夹具结构简单。

（2）所选定的基准尽量符合基准重合一致原则，以减少尺寸链换算，减小定位误差。

（3）保证各项加工精度。夹紧力应尽量靠近主要支承点上，垂直作用在定位面内，并尽量靠近切削部位及刚性好的地方。同时，考虑各个夹压部件不要与加工部位和所用刀具发生干涉。

夹具在机床上的安装误差和工件在夹具中的定位、安装误差对加工精度将产生直接影响。因此，操作者在装夹工件时一定要按工艺文件上的要求找正定位面，并将污物擦干净，夹具必须保证最小的夹紧变形。

柔性制造系统中加工中心的刀具为悬臂式加工，在加工过程中又不能设置镜模、支架等，因此进行多工位工件加工时，应综合计算各工位的各加工表面到机床主轴端面的距离以选择最佳的刀具长度，提高工艺系统的刚性，从而保证加工精度。

2）夹具系统

在柔性制造过程中，工件要经历存储、输送、操作和加工等多道程序。加工对象多为多品种、小批量的工件，采用专用夹具势必造成生产准备周期长、工件成本提高及存储、维修和管理等费用的增加。因此柔性制造系统中多采用组合夹具、可调整夹具、数控夹具和托盘的装夹方式，可以从几个面让刀具接近零件进行加工。还有可装夹两个或更多零件的更大型夹具，这种夹具有利于缩短刀具的更换时间和传送零件的非生产时间。

（1）组合夹具。组合夹具由不同形状和尺寸的元件组成，可根据加工需要拼装成各种不同的夹具，加工任务完成后又可重新拆成单独元件重新使用。由于组合夹具元件是专业化生产，可在市场上选购元件，无须自行设计和制造，且能满足各种加工需求，使得生产准备周期缩短，便于存储保管。

（2）可调整夹具。可调整夹具能有效地克服组合夹具的不足，既能满足加工精度，又具有一定的柔性。可调整夹具与组合夹具有很大的相似之处，所不同的是它具有一系列整体刚性好的夹具体，在夹具体上，设置有可定位、夹压等多功能的 T 形槽及台阶式光孔、螺孔，配制有多种夹压定位元件，可通过调整夹具元件实现快速调整。可调整夹具刚性好，能较好地保证加工精度。

(3) 数控夹具。自动化数控夹具应能实现夹具元件的选择和拼装及工件安装定位和夹紧等过程的自动化，其定位、支承和夹压元件应能适应工件的各种具体情况。在“工件装夹程序”中存有夹具构件调整所需的数据、行程指令及实现工件装夹控制功能的指令，可按工件调用工件装夹程序，实现自动调整变换。

(4) 托盘。在 FMS 中为了尽可能少地搬动工件，常将工件安装在夹具上，而夹具又安装在托盘上，这样工件和定位夹具系统能够通过输送设备（如自动导引车或输送机）准确地在加工系统中自动定位，托盘就是实现工件和夹具系统与输送设备和加工设备之间连接的工艺装备。托盘的样式很多，它是工件和机床间的接口。

① 托盘结构。机械加工领域所应用的托盘按其结构形式可分为箱式和板式两种。图 4-9 所示为箱式托盘，板式托盘如图 4-10 所示。

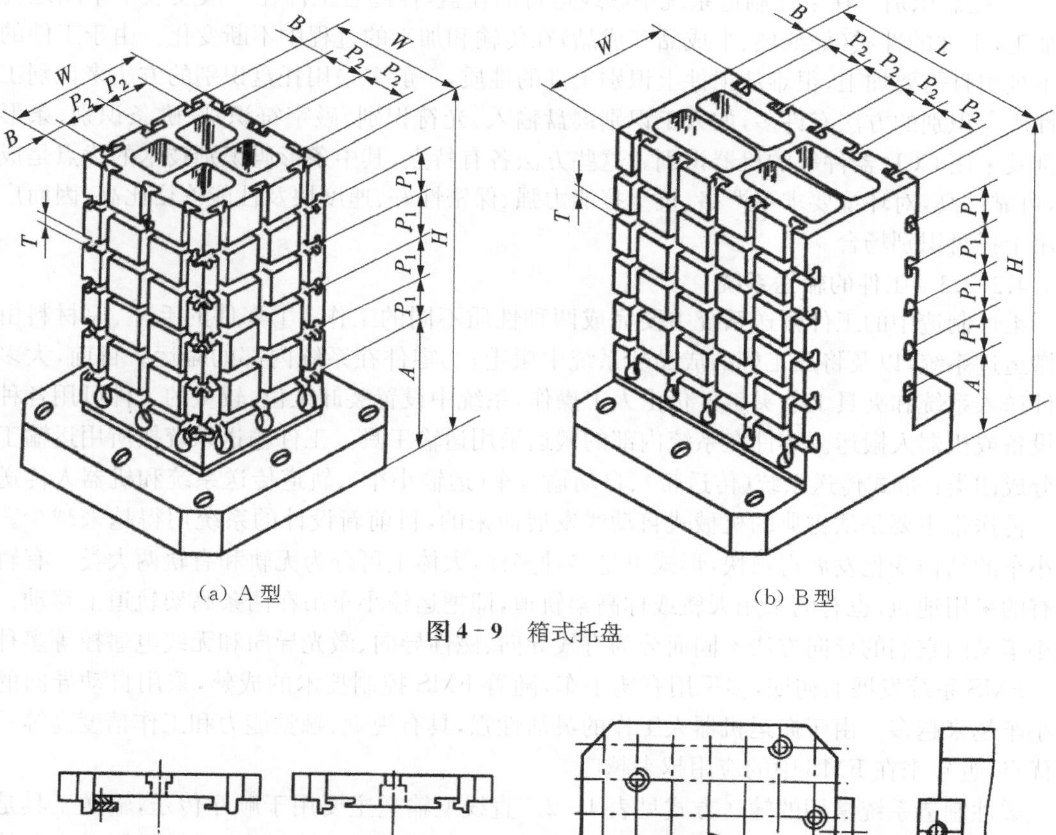

(a) A 型　　(b) B 型

图 4-9　箱式托盘

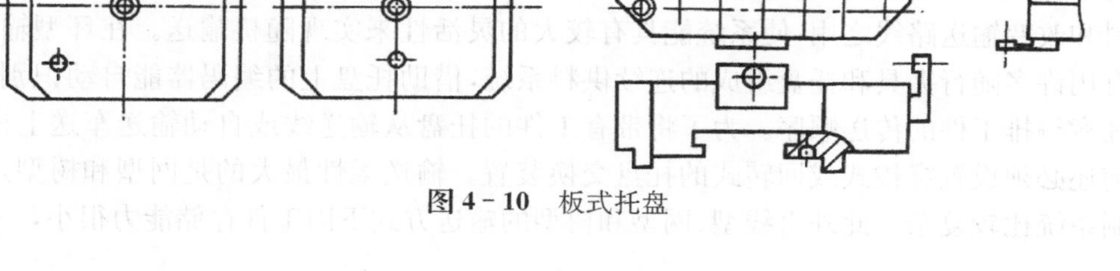

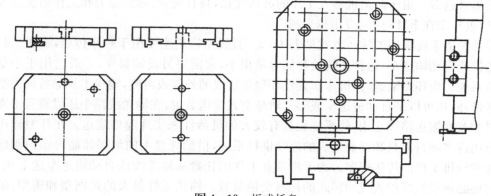

图 4-10　板式托盘

箱式托盘不进入机床的工作空间，主要用于小型工件及回转体工件。其主要功能是储装，起输送和存储载体作用。为保证工件在箱中的位置和姿态，箱中设有保持架。为节约存储空间，箱式托盘多叠层堆放。

板式托盘主要用于非回转体类的较大型工件，工件在托盘上通常是单件安装，托盘不仅是工件的输送和存储载体，而且还需进入机床的工作空间，在加工过程中定位夹持工件，承受切削力、冷却液、切屑、热变形和振动等的作用。其功能除输送、存储外，尚有保护、夹具携带、定位和承受切削力等作用。托盘的形状通常为正方形，也有长方形的，根据具体需要也可制成圆形或多角形的。为安装储装构件，托盘的顶面应备有 T 形槽或矩阵螺孔（或配合孔）。托盘应具有输送基面及与机床工作台相连接的定位夹压基面，其输送基面在结构上应与系统的输送方式、操作方式相适应。对托盘尚有交换精度、形状刚度、抗震性、切削力承受和传递、保护切屑和冷却液侵蚀等要求。

② 托盘识别。在柔性制造系统中联线运行的托盘，伴随着工件在一次安装中不断地传输和加工，工件的性质（如毛坯、半成品和成品）在传输和加工的过程中不断变化。由于工件的表面不规则且需要加工，很难从工件上识别工件的性质，一般多采用托盘识别的方法来识别工件的性质。识别的方法有许多，如人工识别键盘输入、光符识别、磁字符识别、磁条识别、条形码识别及采用 CCD 器件等的机器识别。这些方法各有特点，其中条形码识别技术的优点是成本低，可靠性高，对环境要求不严格、抗干扰能力强、保密性好、速度快及性能价格比高，因而广泛应用于托盘识别场合。

4.2.2.3 工件的输送系统

柔性制造中的工件输送系统主要完成两种性质不同的工作：①零件的毛坯、原材料由外界搬运进系统，以及将加工好的成品从系统中搬走；②零件在系统内部的搬运。目前，大多数工件送入系统和夹具上装夹工件仍由人工操作，系统中设置装卸工位，较重的工件可用各种起重设备或机器人搬运。零件在系统内部的搬运采用运输工具。工件输送系统按所用运输工具可分成四类：带式传送系统（传送带）、自动输送车（运输小车）、轨道传送系统和机器人传送系统。传送带主要是从古典的机械式自动线发展而来的，目前新设计的系统用得越来越少。运输小车的结构变化发展得很快，形式也是多种多样，大体上可分为无轨和有轨两大类。有轨小车有的采用地轨，也有的采用天轨或称高架轨道，即把运输小车吊在两条高架轨道上移动。无轨小车又因它们的导向方法不同而分为有线导向、磁性导向、激光导向和无线电遥控等多种形式。FMS 系统发展的初期，多采用有轨小车，随着 FMS 控制技术的成熟，采用自动导向的无轨小车越来越多。由于搬运机器人工作的灵活性强，具有视觉、触觉能力和工作精度高等一系列优点，近年来在 FMS 中的应用越来越广。

柔性制造系统常用的输送方式见表 4-2。直线型输送主要用于顺序传送，输送工具是各种传送带或自动输送车，这种系统的存储容量很小，常需要另设储料库，一般适用于小型的柔性制造系统。而环型输送时，机床布置在环型输送线的外侧或内侧，输送工具除各种类型的轨道传送带外，还可以是自动输送车或架空轨悬空式输送装置，在输送线路中还设置若干支线作为储料和改变输送路线之用，使系统能具有较大的灵活性来实现随机输送。在环型输送系统中还有用许多随行夹具和托盘组成的连续供料系统，借助托盘上的编码器能自动识别地址以达到任意编排工件的传送顺序。为了将带有工件的托盘从输送线或自动输送车送上机床，在机床前还必须设置穿梭式或回转式的托盘交换装置。输送柔性最大的是网型和树型，但它们的控制系统比较复杂。此外直线型、网型和树型的输送方式下因工件存储能力很小，一般要设

表4-2 柔性制造系统常用的输送方式

方 式	形 式	示 例
直线型	单一	
	并行	
	分支	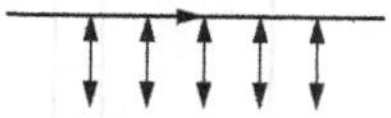
环型	单一	
	双	
	分支	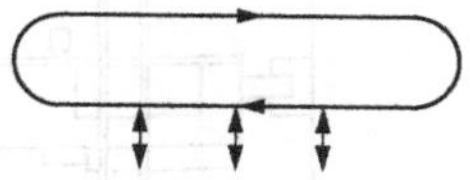
网型		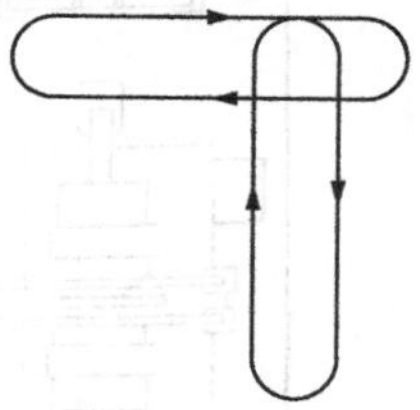
树型		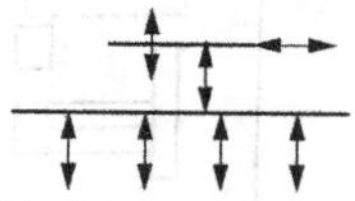

置中央仓库或具有存储功能的缓冲站及装卸站，而环型因工件线内存储能力较大，很少设置中央仓库。从投资角度来说，需用自动导向车的网型和树型，输送方式的投资相对较大。

在选择物料输送系统的工具和输送路线时，都必须根据具体加工对象、工厂具体环境条件、系统的规模、输送功能的柔性、易控制性和投资等因素作出经济合理的抉择。例如，箱体类零件较多采用环型或直线型轨迹传送系统或自动输送车系统，而回转体类零件则较多采用机器人或(加)自动输送车系统。采用感应线导向或光电导向的无轨自动输送车虽具有占地面积小和使用灵活等优点，但控制线路复杂，难以确保高的定位精度，车间的抗干扰设计要求和投资亦较高。

图4-11所示的是一个用来加工两种不同类型曲轴的FMS采用的环型运输系统，有四个加工单元：单元1、单元2、单元3和单元4。单元1包括1台Schenck平衡机和1台Swedturn18 CNC车床。平衡机用来确定毛坯的中心线，并打上记号。Swedturn18 CNC车床用来

粗加工法兰面和主轴颈表面。单元 2 包括 1 台 VDF CNC 铣床和 1 台车床,用来铣削曲轴承载表面和车削平衡重块。单元 3 包括 1 台 VDF Bochringer 铣床和 1 台车床用来进一步加工曲轴轴颈和两个孔口平面。单元 4 包括 1 台精密的 Swedturn18 CNC 车床和 1 台加工中心,用来完成最后精加工。加工单元内有一桥式上料器,服务于两台机床之间。

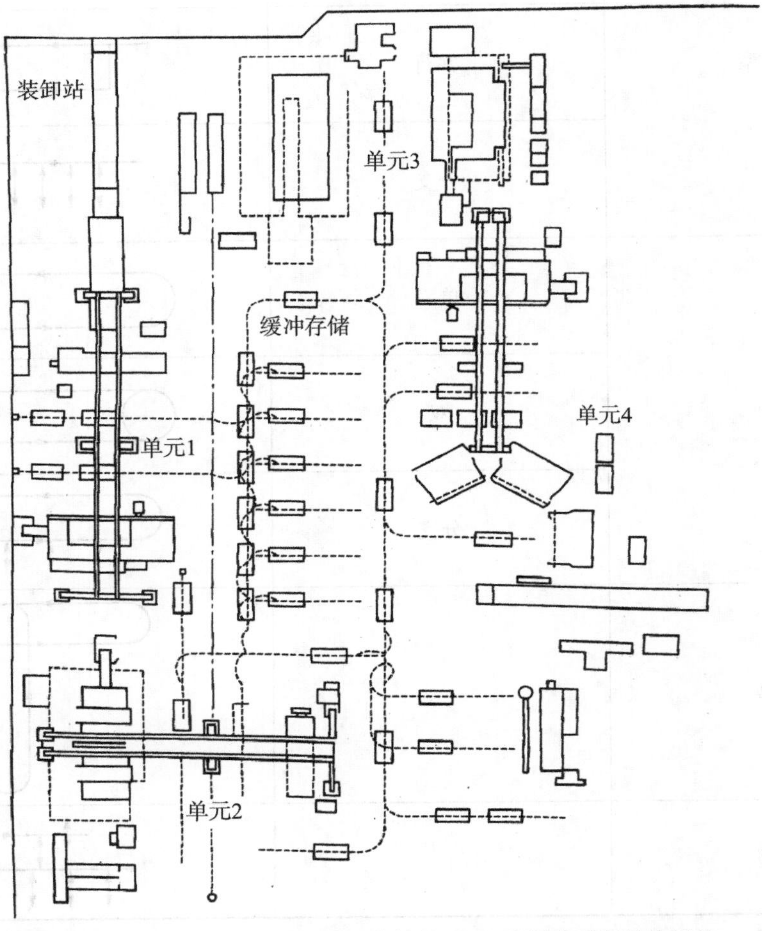

图 4-11 加工两种不同类型曲轴的 FMS 采用的环型运输系统

零件的毛坯由装卸站进入系统。进入系统之前没有任何准备工序。操作人员在装卸站使用吊车将铸钢毛坯装在传送带上。传送带把它们送到单元 1。传送带可装载 15 个曲轴,足够 1.5 h 加工的需要。单元 1 的桥式上料器拣起曲轴,送至机床上加工或放到托盘上等待加工。每个托盘可放置 5 个工件。加工过的零件也由桥式上料器送回托盘,等待运走。自动输送车根据控制计算机的命令,可将一个单元的零件连同托盘送到另一个单元。托盘在单元内放在一个支架上,运输小车进入托盘的下面,小车的台面自动升起,就将托盘连同工件一起装到小车上。此后,就可以将工件连同托盘送到另一个加工单元。小车走到另一单元后,停在安放托盘的支架下面,小车的台面自动落下,托盘连同工件就停放在支架上。再根据加工命令,由桥式上料器将托盘上的工件搬运到机床上进行加工。

如果工件在运输过程中发现正在送往的某个单元的托盘支架已经占用,就将托盘先送往托盘缓冲存储库，等该单元中的托盘支架空出后，再将存在缓冲存储库中的托盘取出，送往应当送往的单元中。缓冲存储库最多可存放6个托盘，也就是有30根曲轴的容量。

4.2.3 刀具流支持系统

4.2.3.1 刀具流支持系统的组成

刀具流支持系统是柔性制造系统中的又一个重要组成部分，在柔性制造系统的生产过程中占有十分重要的地位，其主要职能是负责刀具的运输、存储和管理，适时地向加工单元提供所需要的刀具，监控管理刀具的使用，及时取走已报废或耐用度已耗尽的刀具，在保证正常生产的同时，最大限度地降低刀具成本。柔性制造系统的刀具流是非常复杂的。刀具流支持系统就是通过在柔性制造系统中建立中央刀库及刀具的输送系统，合理地管理和调度刀具，使刀具在柔性制造系统中合理流动，保证各加工设备对刀具的需求。

刀具管理系统的功能和柔性程度直接影响到整个FMS的柔性和生产效率。典型的FMS的刀具流管理系统通常由刀库系统、刀具预调站、刀具装卸站、刀具交换装置及管理控制刀具流的计算机系统组成。FMS刀具流管理系统如图4-12所示。FMS的刀库系统包括机床刀库和中央刀库两个独立部分。机床刀库存放加工单元当前所需要的刀具，其容量有限，一般存放40～120把刀具，而中央刀库的容量很大，有些FMS的中央刀库可容纳数千把刀具，可供各个加工单元共享。在大多数情况下，刀具是人工供给的，即按照工艺规程或刀具调整单的要求，将某一加工任务的刀具在刀具预调仪上调整好，放在手推车或刀具运送小车上，送到相应的机床。如果使用模块化刀具，那么在刀具预调前还要进行刀具组装，而使用后的刀具要经过拆卸和清洗，经检测后一部分刀具报废，另一部分刀具重磨后使用。

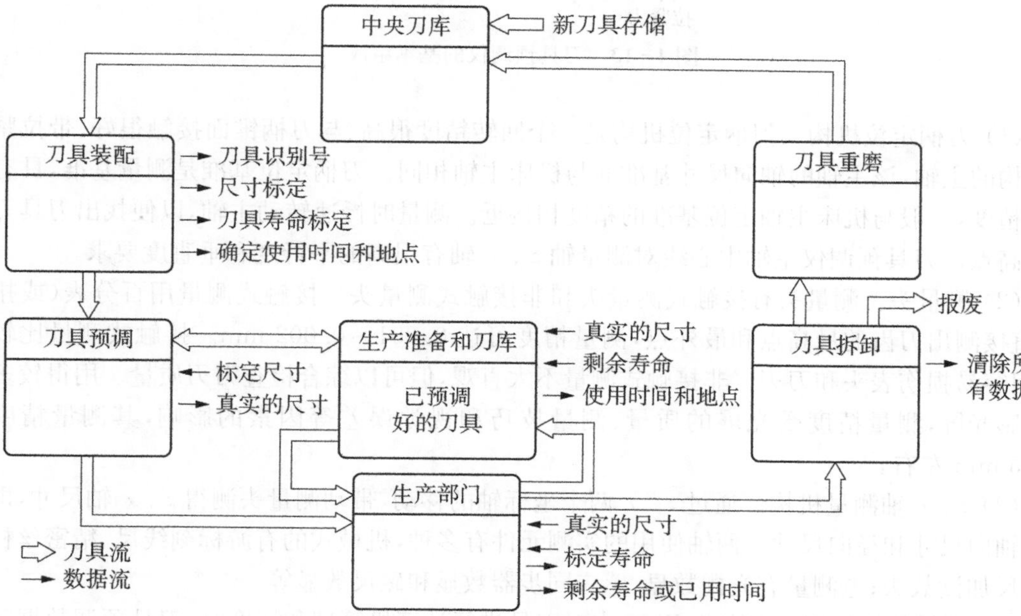

图4-12 FMS刀具流管理系统

4.2.3.2 刀具的预调与编码

柔性制造系统中广泛使用模块化结构的组合刀具，刀具组件有刀柄、刀夹、刀杆、刀片和紧固件等，这些组件都是标准件，如刀片有各种形式的不重磨刀片。组合刀具可以提高刀具的柔性，减少刀具组件的数量，充分发挥刀柄、刀夹和刀杆等标准件的作用，降低刀具费用。在一批新的工件加工之前，按照刀具清单组装出一批刀具。刀具组装工作通常由人工进行。

组装好一把完整的刀具后，上刀具预调仪按刀具清单进行调整，使其几何参数与名义值一致，并测量刀具补偿值，如刀具长度、刀具直径和刀尖半径等，测量结果记录在刀具调整卡上，随刀具送到机床操作者手中，以便将刀具补偿值送入数控装置。在FMS系统中，如果对刀具实行计算机集中管理和调度，那么要对刀具进行编码，测量结果可以自动录入刀具管理计算机，刀具和刀具数据按调度指令同时输送到指定机床。刀具预调仪的基本组成如图4-13所示。

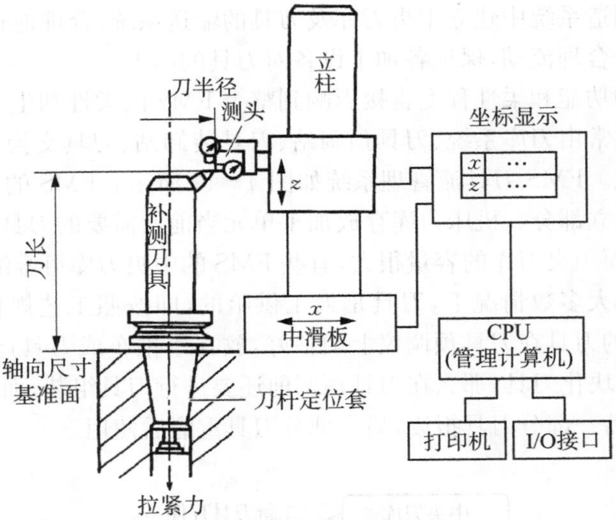

图4-13 刀具预调仪的基本组成

(1) 刀柄定位机构。刀柄定位机构是一个回转精度很高、与刀柄锥面接触很好、带拉紧刀柄机构的主轴，该主轴的轴向尺寸基准面与机床主轴相同。刀柄定位基准是测量基准，具有很高的精度，一般与机床主轴定位基准的精度相接近。测量时慢速转动主轴，以便找出刀具刀齿的最高点。刀具预调仪主轴中心线对测量轴 z、x 轴有很高的平行度和垂直度要求。

(2) 测量头。测量头有接触式测量头和非接触式测量头。接触式测量用百分表(或扭簧仪)直接测出刀齿的最高点和最外点，测量精度可达0.001～0.002 mm。接触式测量比较直观，但容易损伤表头和刀刃。非接触式测量不太直观，但可以综合检查刀刃质量。用得较多的是投影光屏，测量精度受光屏的质量、测量技巧和视觉误差等因素的影响，其测量精度在0.005 mm左右。

(3) z、x 轴测量机构。通过 z、x 两个坐标轴的移动，带动测量头测得 z、x 轴尺寸，即刀具的轴向尺寸和径向尺寸。两轴使用的实测元件有多种，机械式的有游标刻线尺、精密丝杠和刻线尺加读数头；电测量有光栅数显、感应同步器数显和磁尺数显等。

(4) 测量数据处理。在有些FMS中对刀具进行计算机管理和调度时，刀具预调数据随刀具一起自动送到指定机床。要达到这个目的，需要对刀具进行编码，以便自动识别刀具。刀具的编码方法有很多种，如机械编码、磁性编码、条形码和新发展的磁性芯片。刀具编码在刀具准备阶段完成。此外在刀具预调仪上配置计算机及附属装置，可存储、输出和打印刀具预调数据，并与上一级计算机(刀具管理工作站、单元控制器)联网，形成FMS系统中刀具计算机管理系统。

通常在刀具组装和预调好进入刀具进出站之前，需要对刀具进行编码，包括刀具分类编码、刀具组件编码和在线刀具编码等，并用条形码粘贴在刀具上，作为对刀具的唯一标识。换刀时，根据控制系统发出的换刀指令代码，通过编码识别装置从刀库中寻找出所需要的刀具。由于每把刀具都有代码，因而刀具可放入刀库中任何一个刀座内，每把刀具可供不同工序多次重复使用，使刀库容量减小，可避免因刀具顺序的差错所造成的加工事故。

4.2.3.3 刀具管理系统与控制

由于柔性制造系统加工的工件种类繁多，加工工艺及加工工序的集成度很高，系统运行时不仅需要的刀具种类和数量是很多的，而且这些刀具频繁地在系统中各机床之间、机床和刀库之间进行交换。另外刀具磨损、破损换新造成的强制性或适应性换刀，使得刀具流的管理和刀具监控变得异常复杂。

1）刀具管理系统的硬件构成

一个典型的、具有自动刀具供给系统的刀具管理系统的设备构成如图4-14所示。它由刀具准备车间（室）、刀具供给系统和刀具输送系统三部分组成。刀具准备车间包括：刀具附件库、条形码打印机、刀具预调仪、刀具装卸站及刀具刃磨设备等。刀具供给系统包括：条形码阅读器、刀具进出站和中央刀库等；刀具输送系统包括：装卸刀具的机械手、传送链和运输小车等。

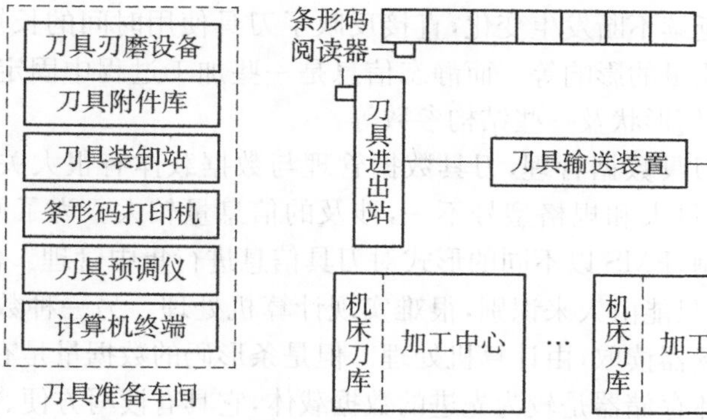

图4-14 刀具管理系统的设备构成

2）刀具管理系统软件系统构成

刀具管理系统除了刀具管理服务之外，还要作为信息源，向实时过程控制系统、生产调度系统、库存管理系统、物料采购和订货系统、刀具装配站、刀具维修站和校准站等部门提供服务。零件的程序员需要刀具的几何参数和刀具材料的数据，以便根据工序加工的要求合理选择刀具，这些都必须有软件系统支持。刀具管理系统软件系统构成如图4-15所示，它主要描述软件的模块组成及其与外部软件的关系。

3）刀具监控和管理

工件在FMS加工的过程中，刀具始终处于动态的变化过程中，刀具监控主要是及时地了解所使用刀具的磨损、破损等情况。目前，刀具的监控主要从刀具寿命、刀具磨损、刀具断裂及其他形式的刀具故障等方面进行。需要采用专门的监测装置，如用切削力或切削功率对刀具磨损进行检测，用声发射装置监测刀具破损等。刀具装入机床后，通过计算机监控系统统计各刀具的实际工作时间，并将这个数值适时地记录在刀具文件内。当班管理员可通过计算机查

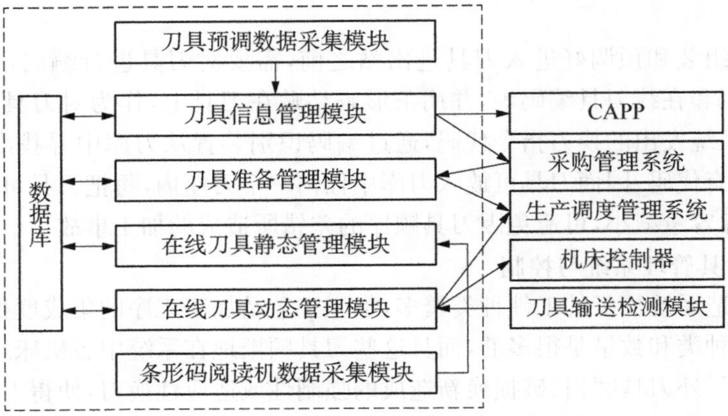

图 4-15 刀具管理系统软件系统构成

询刀具的使用情况，由计算机检索刀具文件，并经过计算分析后向管理员提供刀具使用情况报告，其中包括各机床工作站缺漏刀具表和刀具寿命现状表。管理员可根据这些报告，查询有关刀具的供货情况，并决定当前刀具的更换计划。

FMS 中的刀具信息可以分为动态信息和静态信息两个部分。动态信息是指使用过程中不断变化的一些刀具参数，如刀具寿命、工作直径、工作长度及参与切削加工的其他几何参数。这些信息随加工过程的延续不断发生变化，直接反映了刀具使用时间的长短、磨损量的大小、对工件加工精度和表面质量的影响等。而静态信息是一些加工过程中固定不变的信息，如刀具的编码、类型、属性、几何形状及一些结构参数等。

刀具管理的基础是刀具数据管理，刀具数据管理与数据载体有很大关系。由于 FMS 中所使用的刀具品种多、数量大和规格型号不一，涉及的信息量较大。为了便于刀具信息的输入、检索、修改和输出控制，FMS 以不同的形式对刀具信息进行集中管理。传统的刀具数据是记录在纸上的(数据表)，只能由人来识别，很难实现计算机处理。另一种数据载体是条形码，条形码可以用条形码阅读器读取，由计算机处理。但是条形码的数据量是有限的，且很难记录变化属性的数据。半导体存储器是较为先进的数据载体，它具有读写方便、数据容量大和便于计算机处理等一系列优点。刀具数据的组织和信息流如图 4-16 所示。

4.2.3.4 刀具交换装置及刀库

刀具交换通常由换刀机器人或刀具运送小车来实现。它们负责完成在刀具装卸站、中央刀库及各加工单元(机床)之间的刀具传递和搬运。FMS 的刀具交换包含如下三个方面的内容。

1) 加工机床刀库与机床主轴之间的刀具交换

FMS 中的所有加工中心都备有自动换刀装置，用于将机床刀库中的刀具更换到机床主轴上，并取出使用过的刀具放回到机床刀库。目前，常用的加工中心机床自动换刀时，选刀的方式有顺序选刀方式、刀具编码方式及刀座编码方式。而机床主轴和机床刀库之间常采用如下两种换刀机构来实现刀具的更换。

(1) 换刀机械手。这是加工中心常采用的刀具交换装置，灵活性大，换刀速度快。按刀具夹持器的数量可分为单臂机械手和双臂机械手，图 4-17～图 4-19 分别为典型的单臂机械手的换刀示意图。其特点是结构简单，换刀时间较长。其中图 4-17 中的机械手作往复直线运动，用于机床主轴与机床刀库刀座轴线平行的场合；图 4-18 所示为机械手摆动，其轴线与刀

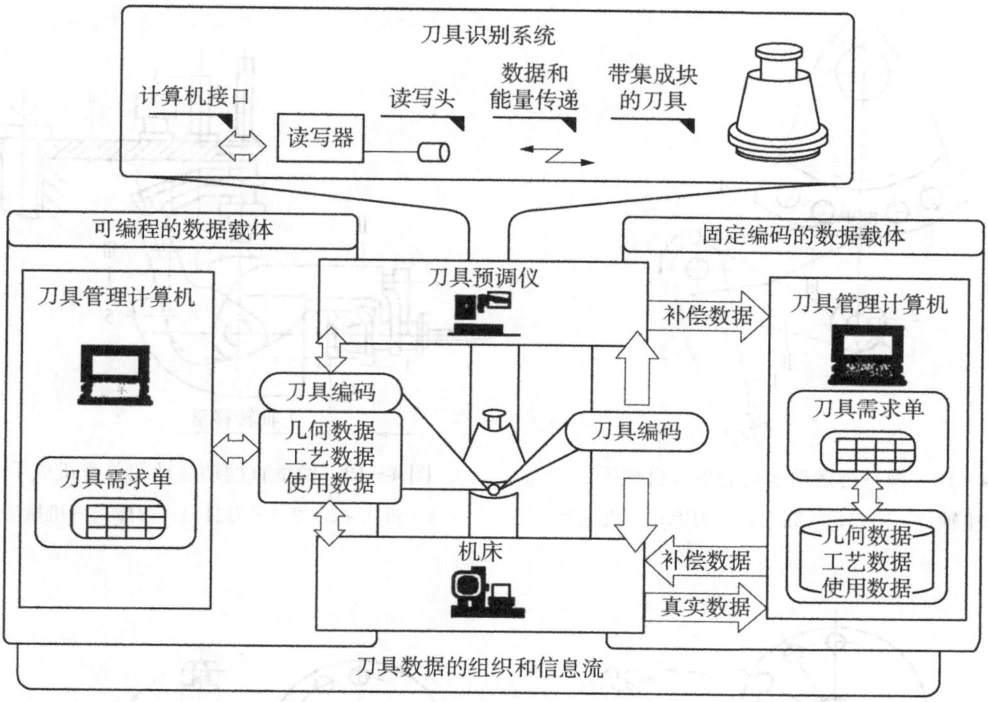

图 4-16　刀具数据的组织和信息流

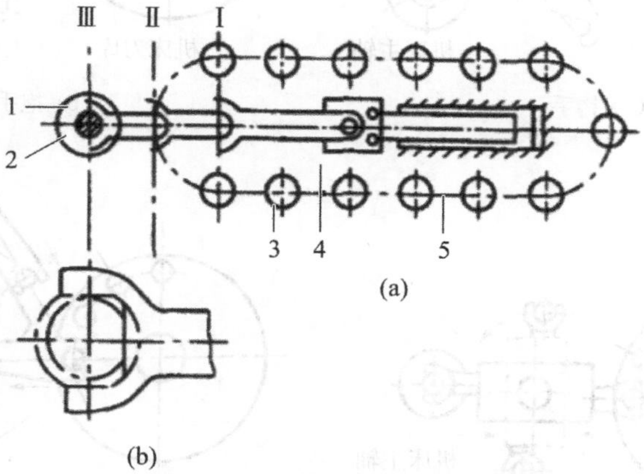

图 4-17　作往复运动的单臂机械手

1—机床主轴；2—旧刀；3—新刀；4—机械手；5—刀库

具轴线平行，用于机床刀库刀座轴线与机床主轴轴线平行的场合；图 4-19 所示为机械手摆动，适用于机床刀库刀座轴线与机床主轴轴线垂直的场合。

图 4-20 为典型的双臂机械手的换刀示意图，其特点是换刀时间短，可同时抓取机床主轴和机床刀库中的刀具，并完成拔出和插入动作。广泛用于机床刀库刀座轴线和机床主轴轴线平行的场合。

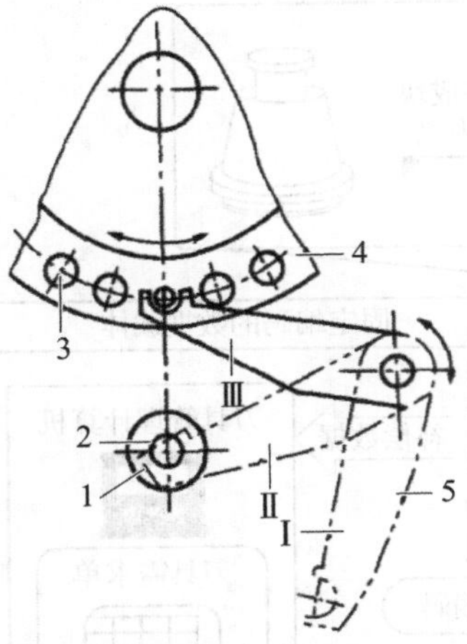

图 4-18 做平行摆动运动的单臂机械手

1—机床主轴；2—旧刀；3—新刀；4—刀库；5—机械手

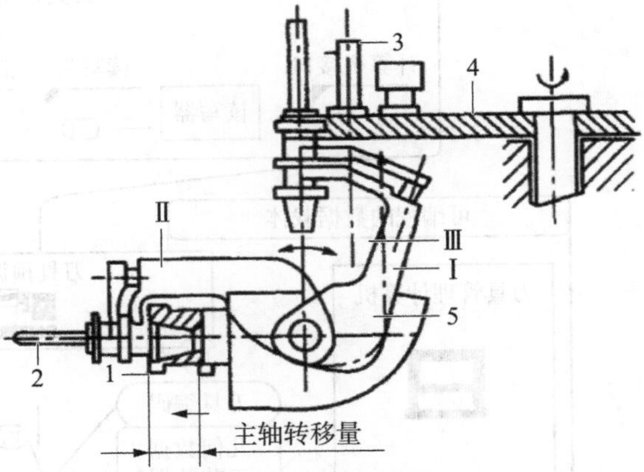

图 4-19 做垂直摆动运动的单臂机械手

1—机床主轴；2、3—刀具；4—刀库；5—机械手

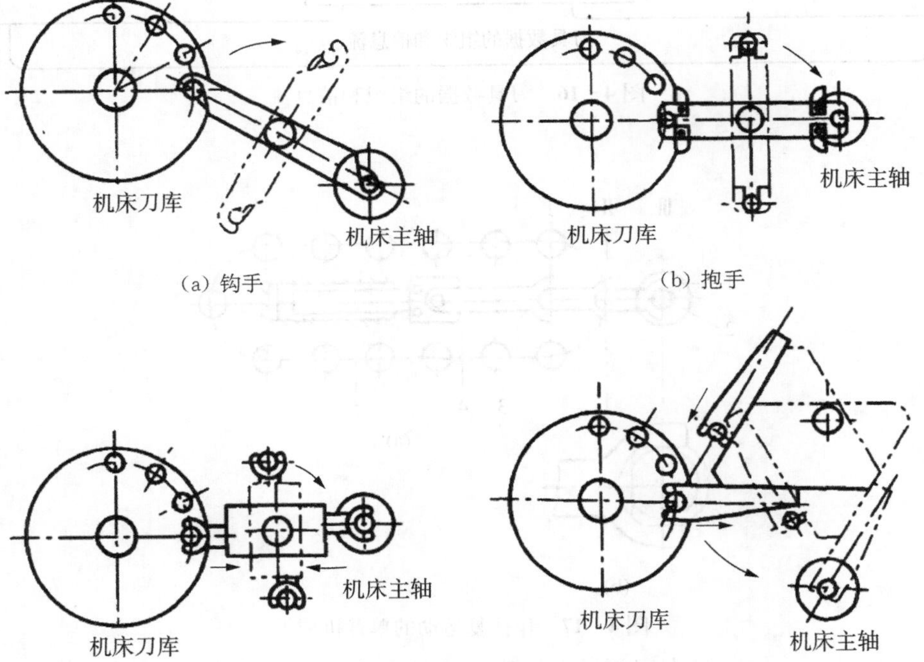

(a) 钩手　(b) 抱手

(c) 伸缩手　(d) 叉手

图 4-20 双臂机械手

除了用一个机械手完成换刀动作外，有些加工中心还有使用两个机械手的，称为“双机械手”，其换刀时间较短，但结构比较复杂，这种换刀装置除了完成换刀动作外，还起运输作用。

(2) 直接交换(转塔头换刀)方式由机床刀库与机床主轴的相对运动实现刀具交换，在换刀时必须先将用过的刀具送回机床刀库，然后再从机床刀库中取出新刀具，这两个动作不可能同时进行，因此换刀时间较长。图 4－21 表示某立式加工中心的直接换刀过程。需要换刀时，机床主轴停止转动，上升到换刀位置图 4－21a，接着机床刀库向右移动，机床刀库上的刀座夹住机床主轴上的刀具图 4－21b，然后机床刀库向下移动，拔出机床主轴上的刀图 4－21c，接着机床刀库旋转，使待用的刀具对准机床主轴图 4－21d，机床刀库上升把刀插入机床主轴孔内图 4－21e，最后机床刀库左移复位图 4－21f，换刀结束。带回转头的加工中心和主轴旋转型的加工中心其刀具交换均属于此种方式。这种换刀方式的机床刀库容量小，存储的刀具只有 16 把左右。

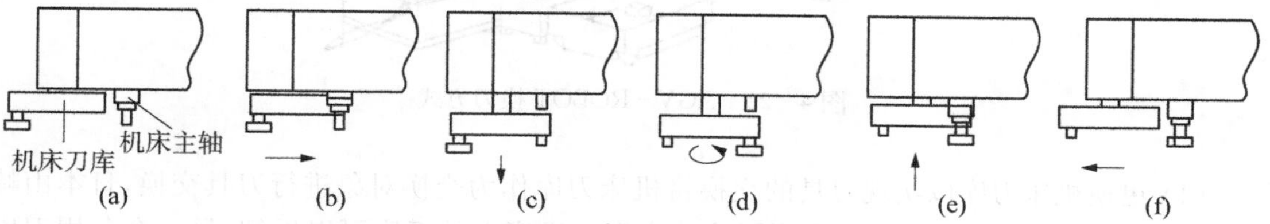

图 4－21　直接换刀过程

2）刀具装卸站、中央刀库及各加工机床之间的刀具交换

在 FMS 的刀具装卸站、中央刀库及各加工机床之间进行远距离的刀具交换，必须有刀具运载工具的支持。刀具运载工具有许多种类，常见的有换刀机器人和刀具输送小车。按运行轨道的不同，刀具运载工具可分为有轨和无轨两种。无轨刀具运载工具价格昂贵，而有轨的价格相对较低，且工作可靠性高，因此在实际应用中多采用有轨刀具运载工具。

有轨刀具运载工具又可分为地面轨道和高架轨道两种，高架轨道的空间利用率高，结构紧凑，但技术难度较地面轨道的要大一些。高架轨道一般采用双列直线式导轨，平行于加工中心和中央刀库布置，这样便于换刀机器人在加工中心和中央刀库之间进行移动。

刀具装卸站是刀具进出 FMS 的界面，其结构为多框架式，是一种专用的刀具排架。刀具交换装置是一种在刀具装卸站、中央刀具库和机床刀具库之间进行刀具传递和搬运的工具。

3）运载工具、刀架与机床刀库之间的刀具交换

有些柔性制造系统是通过刀具运输小车将待交换的刀具输送到各台加工机床上的，在刀具运输小车上放置一个装载刀架，该刀架可容纳 5～20 把刀具，由刀具运输小车将这个装载刀架运送到机床旁边，再将刀具从装载刀架上自动装入机床刀库，其方法通常有以下几种：

（1）采用过渡装置。利用机床主轴作为过渡装置，把刀具由装载刀架上自动装入机床刀库。这种方法要求装载刀架设计得便于主轴抓取，通常它只能容纳少量的刀具（5～10 把），由刀具运输小车像运送托盘/工件那样，将装载刀架送到机床工作台上，然后利用主轴和工作台的相对移动，把刀具装入机床主轴，再通过机床自身的自动换刀装置，将刀具一个一个地装入机床刀库。这种方法简单易行，但需占用机床工时。

（2）采用专门的刀具取放装置。在中央刀库和每台机床上都配备一台刀具取放装置，装载刀架为鼓形结构，可容纳 20 余把刀具。刀具运输小车把装载刀架运送到机床尾部，通过刀具取放装置将刀架上的刀具逐个装入机床刀库内，并把旧刀具运回装载刀架。这种方法的优点是可在机床工作时进行刀具交换，其不足之处是增加了设备费用。

（3）AGV－ROBOT 换刀方式。在刀具运输小车上装有专用换刀机械手，当刀具运输小车到达换刀位置时，由机械手进行刀具交换操作，AGV－ROBOT 换刀方式如图 4－22 所示。

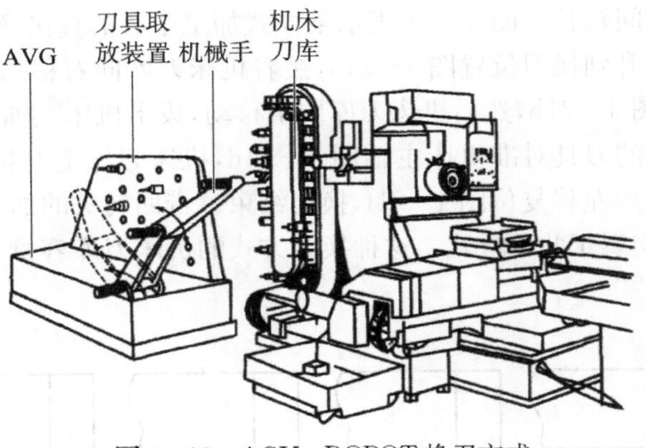

图 4-22　AGV-ROBOT 换刀方式

(4) 更换机床刀库以实现刀具的交换将机床刀库作为交换对象进行刀具交换，日本山崎马扎克(Mazaki)公司的 FMS 就采用了这一方案。机床上的刀库可以拆卸，另一个备用刀库放在机床旁边的滑台上，交换时机床上的刀库滑到刀具运输小车上，滑台上的刀库装入机床。这种可交换式刀库的容量较小，大约容纳 25 把刀。这是一种新型刀具交换方法。

4) 刀库

刀库是柔性制造系统中存储备用刀具的部件，包括中央刀库和机载刀库(机床刀库)。中央刀库用于存储 FMS 加工工件所需的各种刀具及备用刀具，中央刀库通过刀具自动输送装置与机床刀库连接起来，构成自动刀具供给系统。中央刀库容量对 FMS 的柔性有很大影响，尤其是混流加工(同时加工多种工件)和有相互替代的机床 FMS。中央刀库不但为各机床提供后续零件加工刀具，而且周转和协调各机床刀库的刀具，提高刀具的利用率。当从一个加工任务转换到另一个加工任务时，刀具管理和调度系统可以直接在中央刀库中组织新加工任务所需要的刀具组，并通过输送装置送到各机床刀库中去，数控程序中所需要的刀具数据也及时送到机床数控装置中。

机载刀库有固定式和可换式。固定式刀库不能从机床上移开，刀库容量较大(40 把以上)。可换式刀库可以从机床上移开，并用另一个装有刀具的刀库替换，刀库容量一般比固定式刀库要小。一般情况下，机载刀库用来装载当前工件加工所需要的刀具，刀具来源可以是刀具室、中央刀库或其他机床刀库。机载刀库常放在机床的顶部或侧面。

机载刀库按其形状可分为转塔式、链式、盘式和鼓式等基本形式，刀库类型见表 4-3。为了扩大刀库容量，又发展出多层盘式、多层链式和辐射式等刀库。在这些刀库中，转塔式刀库的容量最小，通常只有 6～8 把刀具。这种刀库在立式加工中心用得较多，一般安装在立式加

表 4-3　刀库类型

刀库类型	示　　例	刀库类型	示　　例
转塔式	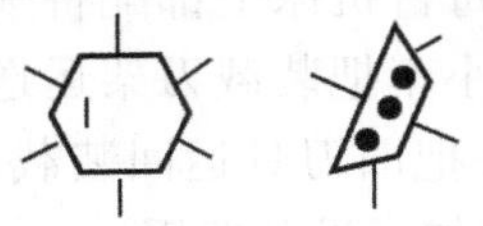	链式	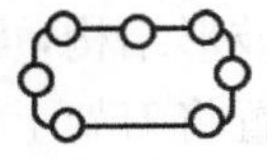
盘式	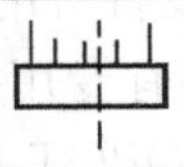	鼓式	

工中心的主轴箱上。它的优点是不需要另行配置换刀机构。盘式刀库的容量略大于转塔式刀库，通常可存储 20～30 把刀具，一般设置在机床顶部或两侧面。鼓式和链式刀具的刀库容量最大，常用于大型或中型卧式加工中心上。但鼓式刀库的换刀机构较复杂，因此不如链式刀库使用广泛。这两种形式的刀库可存储刀具 40～80 把或更多，一般设置在机床的侧面。

4.3 信息流系统

4.3.1 FMS 的信息流模型及特征

4.3.1.1 FMS 的信息流模型

FMS 的基本特点是能以中小批量高效率地加工多种零件，为了能使 FMS 的加工系统中的各种设备与物料系统自动协调地工作，并具有充分的柔性，迅速响应系统内外部的变化，及时调整系统的运行状态，关键就是要准确地规划信息流，使各个子系统之间的信息有效、合理地流动，从而保证系统的计划、管理、控制和监视功能有条不紊地运行。图 4－23 是柔性自动化制造系统的信息网络模型，由五层组成。

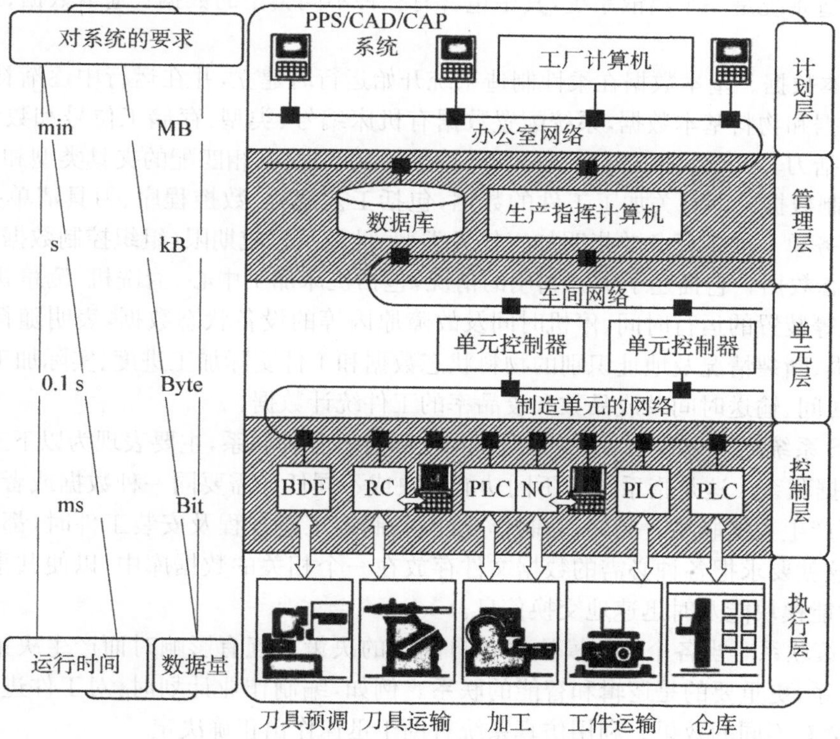

图 4－23 柔性自动化制造系统的信息网络模型

(1) 计划层。属于工厂一级，包括产品设计、工艺设计、生产计划和库存管理等。它规划的时间范围(指任何控制层完成任务的时间长度)可从几个月到几年。

(2) 管理层。属于车间或系统管理级，包括作业计划、工具管理、在制品及毛坯管理和工艺系统分析等。其规划时间从几周到几个月。

(3) 单元层。属于系统控制级，担负分布式数控、输送系统与加工系统的协调、工况和机床数据采集等。其规划时间可从几小时到几周。

(4) 控制层。该层属于设备控制级,包括机床数控、机器人控制、运输和仓库控制等。其规划时间范围可从几分钟到几小时。

(5) 执行层。也称“设备级层”,通过伺服系统执行控制指令而产生机械运动,或通过传感器采集数据和监控工况等。规划时间范围可以从几毫秒到几分钟。

就数据量而言,从上到下的需求是逐层减少的,但就数据传送时的要求而言,是从以分钟计逐层缩短到以毫秒计。

对柔性制造系统而言,仅涉及管理层以下的几层。管理层和单元层可分别由高性能微机或超级微机作为平台,而控制层大多由具有通信功能的数控系统可编程控制器组成。

4.3.1.2 FMS 的信息流数据及特征

FMS 中的信息由多级计算机进行处理和控制。要实现 FMS 的控制管理,首先必须了解在制造过程中有哪些信息和数据需要采集,其次这些信息和数据怎样产生和流向何处,最后数据之间如何进行处理、交换和利用的。

1) 数据及其联系

柔性制造系统是一个离散系统,其中包含有三种不同类型的数据:基本数据、控制数据和状态数据。

(1) 基本数据。基本数据在柔性制造系统开始运行时建立,并在运行中逐渐补充,它包括系统配置数据和物料基本数据,系统配置数据有机床编号、类型、存储工位号和数量等。物料基本数据包括刀具几何尺寸、类型、耐用度、托盘的基本规格、相匹配的夹具类型和尺寸等。

(2) 控制数据。即有关加工工件的数据,包括工艺规程、数控程序、刀具清单技术控制数据和加工任务单。加工任务单指明加工任务类型、批量及完成期限(组织控制数据)。

(3) 状态数据。它描述了资源利用的情况,包括机床加工中心、清洗机、测量机、装卸系统和输送系统等装置的运行时间、停机时间及故障原因等的设备状态数据,表明随行夹具、刀具的寿命、破损、断裂情况及地址识别的物料状态数据和工件实际加工进度、实际加工工位、加工时间、存放时间、输送时间及成品数和废品率的工件统计数据。

在 FMS 系统运行过程中,这些数据互相之间有着各种联系,主要表现为以下三种形式:

(1) 数据联系。这是指系统中不同功能模块或不同任务需要同一种数据或者有相同的数据关系时而产生数据联系。例如,编制作业计划、制定工艺规程及安装工件时,都需要工件的基本数据,这就要求把各种必需的数据文件存放在一个相关的数据库中,以便共享数据资源,并保证各功能模块能及时迅速地交换信息。

(2) 决策联系。当各个功能模块对各自问题的决策相互有影响时而产生决策联系,这不仅是数据联系,更重要的是逻辑和智能的联系。例如,编制作业计划时,对工件进行不同的混合分批,就会有不同的效果。利用仿真系统有助于迅速作出正确决定。

(3) 组织联系。系统运行的协调性对 FMS 来说是极其重要的。工件、刀具等物料流是在不同地点、不同时刻完成控制要求的,这种组织上的联系不仅是一种决策联系,而且具有实时动态性和灵活性,因此协调系统是否完善已成为 FMS 有效运行的前提。

2) 结构特征

从信息集成的观点来说,FMS 是在计算机管理下,通过数据联系、决策联系和组织联系,把制造过程的信息流连成一个有反馈信息的调节回路,从而实现自动控制过程的优化。

FMS 管理和控制的信息流程由作业计划、加工准备、过程控制与监控等功能模块组成,图

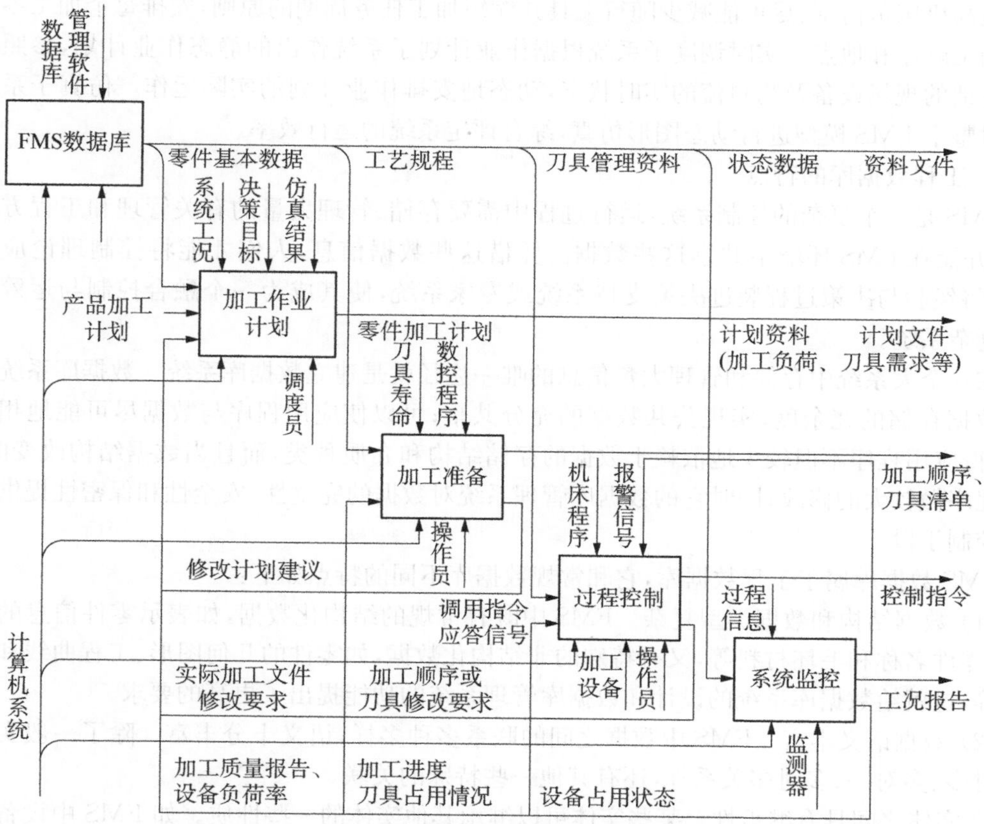

图4-24 FMS管理和控制信息流程的功能参考模型

4-24所示的功能参考模型来说明。

(1) 结构特征。按照计算机分级、分布控制系统的要求，FMS控制系统可以划分为制定与评价管理、过程协调控制及设备控制三个层次，这是一种模块化的结构，各模块在功能上和时间上既相互独立又相互联系。这样尽管系统复杂，但对每个子模块来说，可分解成各个简单的、直观的控制程序来完成相应的控制任务，这无疑在可靠性、经济性等方面都有了明显改善。

要经济地实现这种结构化特征，其前提是各个层次间必须有统一的通信语言，规定明确的接口，除了建立中央数据库统一管理外，还应设置局部数据缓冲区，保持人工介入的可能性，并有友好的用户界面。

(2) 时间特征。根据信息流的不同层次，它们对通信数据量与时间的要求也不相同，计划管理模块内的通信主要是文件传送和数据库查询、更新，需要存取、传送大量数据，因此往往需要较长时间。而过程控制模块只是平行地交换少量信息(如指令、命令响应等)，但必须及时传递，实时性强，它的计算机运行环境应是在实时操作系统支持下并发运行。各个部分的有机结合，构成了柔性制造系统的物料流、信息流和能量流的集成控制。

4.3.1.3 FMS中的数据库

一个大型的自动化控制系统是建立在功能完善的信息系统之上，FMS亦是如此。在计算机集成制造系统(CIMS)中，FMS属于底层的制造自动化分系统，一般它包含作业计划子系统、实时调度子系统和仿真子系统。其中，作业计划子系统是根据厂方下达的生产任务，本着尽量提高机床负荷率、尽可能减少随行夹具并缩短加工任务周期的原则，安排每个加工零件工序的加工顺序和地点。实时调度子系统根据作业计划子系统作出的静态作业计划，参照监控系统反馈的现场设备及物料流的实时状态，动态地安排作业计划的实际运作。仿真子系统是通过对整个 FMS 模型进行动态图形仿真，综合评定系统的运行效率。

1）工程数据库的特点

FMS 是一个复杂的控制系统，运行过程中需要存储、管理大量的有关管理和工程方面的数据，并能在 FMS 环境中共享这些数据。凭借这些数据信息，人们才能将控制理论应用于 FMS，将经验与决策过程装进决策支持系统或专家系统，使其成为一个融合控制与运筹于一体的复杂系统。

在一个大系统中存储和管理大量信息的唯一途径就是建立数据库系统。数据库系统可以降低数据存储的冗余度，实现公共数据的充分共享；可以使应用程序与数据尽可能地相互独立，使得应用程序不但较少地依赖于数据的存储结构和介质种类，而且当数据结构改变时，不要求程序做较大的修改；同时它的数据库管理系统对数据的完整性、安全性和保密性提供了统一的控制手段。

FMS 数据库属于工程数据库，它和常规数据库不同的特点如下：

（1）数据结构和数据类型复杂。FMS 中既有常规的结构化数据，如表示零件信息的零件图号、零件名称和毛坯材料等，又有特殊的非结构化数据，如零件的几何图形、工程曲线和数控程序等，这就给数据库系统的设计和数据库管理系统的功能提出了更高的要求。

（2）数据语义丰富。FMS 中数据之间的联系多种多样，语义十分丰富。除了一般实体间的一对多、多对一、多对多关系外，还有其他一些特殊的关联。

① 实体之间具有继承性。某些实体可以继承其他实体的一些性质。如 FMS 中设备多种多样，有加工中心、运输小车和清洗机等，它们之间既有共性也有特性，实体“设备”中包含了所有设备的共性，这样各个特殊实体如“加工中心”等就可以继承“设备”中的公共属性。

② 实体之间具有限制关系。这种限制关系是指两个实体，其中一个实体实例的存在必须以另一实体的相应实例存在为前提，即后一实体起主导作用，它限制前一实体具有的具体实例。例如，FMS 中假如现行能加工的零件类型有 108 种，而每种零件都要根据自己的工艺规程进行加工，即零件和工艺规程之间是一一对应的。假如“工艺规程”实体中存在某一零件的工艺规程，而该零件不在上述 108 种之列，也就是实体“零件”中没有这一种零件实例，那么“工艺规程”中这一实例的存在是没有意义的。这就是“零件”对“工艺规程”有限制关系。

③ 数据具有动态特性。FMS 中各设备、零件、刀具和托盘等的状态时刻都在发生变化，而且由于运输小车的搬运作用，工件、刀具和托盘的存放位置也在不断改变。就拿某刀具来说，它一旦进入系统，就在刀具装卸站、运输小车、立体仓库、加工中心和机床刀库间不断运动。假如一把刀具被运输小车从系统刀库中运送到某一台加工中心上，那么这台加工中心的刀库状态中就要加进这把刀的信息，而系统刀库的状态信息中就应该反映出该刀已被运走。这种数据的动态特性是实时调度系统必不可少的依据。

（3）对数据管理的实时性要求高。对于以上提出的数据动态特性，绝大多数体现在系统的状态数据中。一个大系统的状态不计其数，且变化频率又相当快，它们随着整个 FMS 的运行由状态采集系统源源不断地收集进来，并在数据库中要有及时的反映。这就给数据管理的实时性增加了难度。而实时性又是整个 FMS 工程数据库得以有效运行的关键因素。另外，工程数据库还有可扩展数据类型、图形数据的处理、数据库版本管理及长事物与并发控制等特点。

2）数据库的类型

从数据建模的角度来看，数据库可以分为层次数据库、网状数据库、关系数据库和面向对象数据库。

（1）层次数据库。在层次数据库中，数据用简单的树结构表示，这一特点决定了记录类型和记录类型之间的联系只能是一对多的联系。数据的操作必须按照从根开始的某条路径去访问。

层次数据库适于描述事物之间的继承性。但由于路径的限制，使得应用程序的编制比较复杂，调试和维护也较困难。

（2）网状数据库。网状数据库是以记录类型为结点的网络结构，网状数据库可以直接描述多对多的联系，而且可以方便地描述复杂的数据结构，存取路径明确，效率较高。对于FMS中工程数据结构复杂的特点，网状数据库显示出一定的优势。然而对用户而言仍然避免不了存取路径的限制，对应用程序员而言往往要考虑一些和数据检索及处理任务不相干的细节，这就加重了用户和程序员的负担。

（3）关系数据库。关系数据库是以关系模型作为数据模型的一种数据库，它是20世纪70年代开始发展起来的一种数据库形式。与层次数据库和网状数据库相比，它有以下优点：

① 数据描述的一致性，对象及其联系均用二维表形式的关系描述，各类用户都能熟练掌握并应用关系数据库，使得应用和开发效率提高。

② 数据库的逻辑结构和物理结构相互独立，用户开发应用程序时完全不必关心数据的具体存储细节。

③ 关系模型是建立在数学集合理论基础上的一种数据模型，基于关系代数来进行数据操作，并通过关系规范化理论来消除冗余，消除数据依赖中的不合适部分，解决数据插入、删除时发生的异常现象。

由于关系数据库在数据独立性、一致性、灵活性和用户界面等方面都优于层次数据库和网状数据库，因此，到20世纪80年代，关系数据库逐渐替代网状数据库、层次数据库而广泛流行。自那时起，又陆续出现了各种商品化的关系数据库管理系统，如System Rdbase、Oracle、SQL/DS、DB2、Ingres、Informix、Sybase等，其用户界面和总体性能都在不断改进和提高。

关系数据库和层次数据库、网状数据库一起被称为三种传统的数据库形式，它们能很好地管理结构化数据，特别适用于商务领域，然而随着应用范围的不断扩展，特别是随着FMS甚至CIMS领域研究的不断深入，人们发现关系数据库在以下几方面显得力不从心。

① 难以对非结构化数据（如图形、NC代码）进行管理。目前，人们往往以文件系统为辅助手段来管理非结构化数据，以弥补关系数据库的不足。

② 二维表无法表达如嵌套、递归等复杂结构类型，不具备演绎和推理能力，因此也就给人工智能在FMS中的应用带来了一定的障碍。

③ 现有的关系数据库中实时性较差，特别是关系模型只表示应用环境的当前状态，没有将时间的概念加入信息空间中以达到时态约束。基于以上原因，人们开始研究一种新的数据库系统。

（4）面向对象数据库。面向对象数据库系统不仅要以面向对象的概念和方法建立数据模型，而且要有一个支持面向对象概念和特点的数据库管理系统去实现数据库。所以面向对象的数据库系统应该是一个面向对象系统，同时又是一个数据库系统。面向对象方法的兴起有力地促进了 FMS 技术的发展。

① 面向对象方法缩短了 FMS 的开发周期。面向对象技术的运用为传统工作流程的彻底改变提供了可能性，对象所具备的继承性、封装性及自主性为在 FMS 生命周期中采用迭代式开发方法、小组化协同工作模式和集成化开发平台等先进开发手段提供了基础。

在 FMS 开发过程中采用迭代式方法，按阶段在整个系统开发中进行反复，实现增量式开发，针对 FMS 的复杂性和开发初期的不明确性，可将动态改变的需求及时地融入 FMS 开发过程中。这样，在开发过程早期和在整个开发过程中，随时修正最终目标和功能，上一阶段工作可以直接带入到下一阶段，减少了 FMS 开发过程的反复，缩短开发周期。对 FMS 这样大型、复杂系统的开发，为了降低开发工作的复杂性和难度，通常将开发工作进行合理分割，由不同的小组协同完成，但是这种群体协同式系统开发的完整性和有效性很难得到保证，而“对象”概念的同一性和直观性，为这一问题提供了良好的解决方法。

“对象”概念的应用使系统开发走出了“一切由零开始”的开发历程。通过抽象、封装和继承等机制实现了软件构件的高度应用。“部件库”“集成框架”的建立对集成化软件开发平台提供了有力的支持。

② 面向对象方法提高了 FMS 的通用性、稳定性。传统 FMS 开发方法基本上是以功能模型为基础的解决方案，这种方法势必因功能模型的不稳定性而影响到最终 FMS 的通用性和稳定性，各种类型 FMS 功能上的差异、FMS 内部设备或布局的变化、新技术的引入都将引起原系统数据、系统方案的重构，这也是目前 FMS 通用性、稳定性较差的一个主要原因。

面向对象方法在以一般 FMS 结构为基础的同时，兼顾了系统的功能和行为。目前，面向对象方法在 FMS 中应用的研究集中在以下几个方面：①面向对象的集成化 FMS 模型；②面向对象的 FMS 集成化软件开发平台；③FMS 中面向对象工程数据库；④面向对象技术在 FMS 网络通信中的应用；⑤面向对象技术在 FMS 程序设计中的应用。

3) FMS 数据库的设计方法

FMS 数据库的设计是在软件工程的基础上进行的，其步骤一般分为需求分析、数据库概念模型设计、数据库逻辑模型设计、数据库物理模型设计及数据库应用系统的开发。

(1) 需求分析。需求分析的主要任务是弄清用户对整个系统的全部要求。在此过程中，要了解原系统的概况，尽量多地收集信息和数据，逐渐确定新系统的功能，同时不断加入新系统的数据和处理要求，并且和用户始终保持紧密的合作及随时的意见交流，旨在最全面地掌握系统的“数据”和“处理”，为下一步的概念模型设计打下基础。

需求分析常用的工具是数据流图和数据词典。

(2) 数据库概念模型设计。数据库概念模型是整个系统中所有用户关心的信息结构，是独立于逻辑模型和具体的数据库管理系统之上的。概念模型能描述现实世界中实体之间的联系，是对客观世界的一个真实写照。概念模型的描述方法比较简单，使用户容易弄懂，因为概念模型是数据库开发者和用户之间交换意见的依据。另外概念模型要易扩充、易修改、易维护和易于向逻辑模型转化。

近十年来，人们提出了多种数据库的设计方法，如新奥尔良方法、E-R 方法、基于 3NF 的设计方法、析取法和 SA/SD 方法等，它们之间的主要差别就在于概念模型的设计及向逻辑模型转换的规则上。

最有影响的概念模型设计工具要属 E-R 方法(E-R 图)。它是由 P. S. Chen 于 1976 年提出的基于实体-联系的建模工具。之后又出现了多种 E－R 模型的扩充模型，如前面提到的 IDEF1、IDEFx 等。随着数据库应用的发展，人们又开始研究语义模型和面向对象的概念模型。

目前，FMS 及 CIMS 应用均采用基于扩充 E－R 模型的方法来设计数据库的概念模型，实践证明，该方法在某些方面已不能满足要求。面向对象模型已是大势所趋，但目前的应用仍在研究和探索阶段。

（3）数据库逻辑模型设计。数据库逻辑模型同数据库管理系统密切相关，因此在设计之前应选好最适合于应用的数据库管理系统，然后将概念模型转换为该数据库管理系统支持的逻辑模型。

根据数据库管理的种类，一般逻辑模型也有层次、网状、关系和面向对象之分。目前，FMS、CIMS 应用中绝大多数采用的是关系模型，同时面向对象的模型越来越受到人们的重视，但由于技术的原因，尚没有完全成功的面向对象模型的 DBMS 应用实例。

（4）数据库物理模型设计。数据库物理模型设计的任务是实现高效率的数据存储结构和存取方法。

基于 FMS、CIMS 中越来越多地采用分布式和准分布式数据库结构形式，这就给物理模型的设计增加了许多困难。

首先要进行关系片段设计，将全局逻辑模型按水平、垂直或混合方法进行分段，其次进行片段分配设计，将这些片段具体映射到网络中各结点上，该过程中要根据实际应用情况合理地安排各片段副本的冗余，这对提高系统效率影响极大，最后进行各结点上局部数据库的存储结构和存取路径的设计。

分布式数据库物理模型设计时，还要考虑到具体的分布式 DBMS 所提供的分布查询和分布事务管理的方法，即各结点间协同完成某一存取任务所遵循的协议，这对提高系统效率也是至关重要的。

（5）数据库应用系统的开发。有了数据库的概念模型、逻辑模型和物理模型，就能在 FMS 中通过 DBMS 建立一个实际的数据库。然而这时的数据库系统要在整个 FMS 中起信息核心的作用，其性能还远远不够。就像一台仅仅带了操作系统的计算机一样，必须配上其他系统软件和应用软件后，才能适合具体应用的需要。

在实际的数据库基础上开发一个具体的、特定的数据库应用系统，也是 FMS 数据库开发者的任务。该数据库应用系统对外应提供友好的用户操作界面，保证各子系统所用数据的正确性，对内应维护数据库的一致性、完整性和安全性。同时它还应提供各种有效的接口，具体包括数据库和数据库操作员之间的接口、数据库和作业计划子系统间的接口、数据库和过程控制子系统间的接口及数据库和仿真子系统间的接口等。

4.3.2　FMS 的信息流网络通信

FMS 中信息流的集成通信由计算机网络技术实现，包括网络中的计算机硬件、软件、网络体系结构和通信技术等。计算机网络的发展经历了多机系统、局域网（LAN）、都市网（MAN）、广域网（WAN）及网络计算机（network computer）等主要阶段。通常用于工业环境的分级网络包括工厂层、车间层、现场层和设备层四个层次。在 FMS 中涉及车间层、现场层（或工作站层）、设备层。FMS 中各个组成部分的信息要依靠计算机网络来进行交互和集成。这种网络具有一般局域网的共同特征，但它又具有特殊性。其中最显著的就是在工业局域网中包含有大量的智能化程度不一、来自不同厂商的设备，这些设备相互之间无法进行数据交换，因此，整个网络的开放性问题就显得尤为突出。

4.3.2.1 FMS 网络结构及通信特点

FMS 中计算机网络就如同神经系统一样，能将数据准确、及时地送到相应的设备上，从而实现对设备进行有效控制和监测。常用网络的拓扑结构有星型网络、环型网络、树状网络及总线型网络等。

柔性制造系统网络属于工业型局域网（LAN）范畴，在 FMS 中网络技术是实现 FMS 信息集成必不可少的基础。图 4-25 所示为 FMS 单元网络物理配置示意图。对物理结构的说明如下：

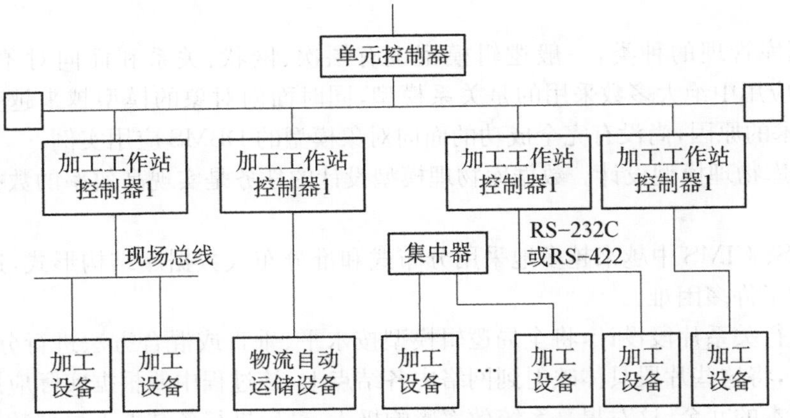

图 4-25　FMS 单元网络物理配置示意图

(1) 单元控制器与工作站控制器之间一般用 LAN 连接，选择的 LAN 应符合 ISO/OSI 参考模型，网络协议最好选用 MAP3.0。如条件不具备，也可以选用 TCP/IP 与其他软件相结合的方式，如 Ethernet 标准。

(2) 工作站控制器与设备层之间的连接可采用几种方式：①直接采用 RS-232C 或 RS-422 异步通信接口；②采用现场总线；③使用集中器将几台设备连接在一起，再连接到工作站控制器上。

FMS 网络是一种由用户根据需求而实现的特定网络，是支撑 FMS 系统功能目标的专用工业计算机局域网系统。它具有以下特点：

(1) FMS 网络覆盖了 CIMS 柔性制造控制结构中的车间、单元、工作站和设备层，这些层次上信息的特征、交换形式和要求各不相同，因而选用的通信联网形式和网络技术也不相同。此外为了满足 CIMS 整体系统信息集成的要求，还要考虑 FMS 同 CIMS 上层（主要是工厂主干网）系统的通信要求，因此 MAS(manufacturing automation system)网络是嵌入一个由若干应用服务类型不同的局域子网互联的集成环境中的计算机网络。

(2) 即便在 FMS 子网络内部，由于近年来局域网产品发展迅速，在通信协议、网络拓扑结构、访问存取控制方法及通信介质等方面都有差异，这阻碍了不同类型网络的互联，特别是在底层设备的通信方面，标准化程度不尽如人意。因此 FMS 网络实际面临着不同供应厂商提供的通信及联网产品的互联问题。从这种意义上看，FMS 网络是由“异构”“异质”的通信接口互联的集成，这是 MAS 网络需要实现的关键技术之一。

FMS 从通信需求可分为四个方面，即网络访问与系统支持、信息格式与共享、底层通信支持和加工设备(如机床)的监控。

(1) 网络访问与系统的通信需求要完成连接 FMS 环境下分布的各种(包括异构的)设备,并实现网络管理的若干功能。

(2) 信息格式化与共享的通信需求是为了使不同机床的加工及辅助设备能共享数据。

(3) 底层通信支持要保证数据被安全、可靠、及时地传送到相应设备上,并驱动设备运转。

(4) 加工设备监控的通信需求是为了能够远距离地控制加工设备的运行,采集加工过程中的实时信息、机床运行状态及发出故障报告等。

4.3.2.2 MAP/TOP 网络通信协议

基于 IEEE 802 委员会对于 MAS 等所需要的工业生产数据通信和联网并无具体规定,而 IEEE 802 中有关管理决策与办公室自动化的标准不能很好适应制造企业生产现场的恶劣环境以及生产设备通信的高可靠性和实时性等方面的要求,美国通用汽车公司(GM 公司)从 ISO/OSI 体系结构及 IEEE 802 等有关计算机网络通信的协议中选用和增加了适用于制造业生产自动化通信联网的局域网协议,称为"制造自动化协议(manufacturing automation protocol, MAP)",并于 1982 年推出了 MAP1.0 版本。MAP 期望在异构的计算机、可编程控制器、NC 机床和机器人等自动化设备之间建立有效的信息传输(包括数据文件、NC 程序、控制指令和状态信号等)标准。MAP 的提出为 MAS 数据通信标准奠定了基础。美国波音(Boeing)公司根据其在工厂之间、办公室之间及办公室和工厂之间需要交换大量飞机设计、制造数据的需求,研究了适应于制造业工程技术和办公自动化的局域网协议标准,并于 1985 年推出了第一个 TOP1.0(technical and office protocol)版本。TOP 期望为不同厂家的计算机和可编程设备提供文字处理、文件传输、电子邮件、图形传输、数据库访问和事务处理的服务标准。

MAP 与 TOP 相结合,为制造业提供了从工厂层管理到生产过程控制各层数据通信的标准协议。因此,目前的观点认为 MAS 应遵循 MAP 网络协议标准,而 TOP 提供了车间以上工程设计和企业管理网络的协议标准。MAP/TOP 的产生引起了国际工业界的极大兴趣,美国制造业首先成立了 MAP/TOP 用户协会以完善和推广应用 MAP/TOP。欧洲的信息技术研究与发展战略规划也对 MAP/TOP 的研究及应用倾注了极大的人力和物力。其他一些国家的工业部门也开展了 MAP/TOP 的应用研究,并加入国际性的 MAP/TOP 用户协会中。MAP/TOP 之所以发展如此迅速,并成为事实上的 CIM - NET 标准,主要有以下几个原因:

(1) MAP/TOP 是以制造业为代表的计算机用户从应用的角度提出的第一个制造业通信网络协议,它有十分明确的应用目标,即工厂自动化通信标准。它考虑了工厂底层自动化设备的各种复杂的连接情况,而高层协议中包括了丰富的服务和协议以满足各种应用的需求。故与其他协议相比,MAP/TOP 在工业领域具有竞争优势。

(2) MAP/TOP 得到了广大计算机、通信设备制造商的积极响应和大力支持。一些著名的厂家,如 IBM、HP 和 SIEMENS 等公司除积极响应 MAP/TOP 标准外,还参与了 MAP/TOP 协议的开发和修正,使其生产的各种设备符合 MAP/TOP 标准。

(3) MAP/TOP 坚持以国际公认的 ISO/OSI 体系结构为基础,从而使 MAP/TOP 与其他 OSI 开放系统保持了较好的兼容性。

如果将 CIMS 环境中各个独立的、局部的自动化系统视为自动化孤岛的话,依据 MAP/TOP 协议开发的计算机网络则架起了这些孤岛之间的桥梁,实现了从设计到制造、从生产到管理的真正沟通。

图 4-26 所示为基于 MAP/TOP 体系的一般企业网络组成。TOP 网络支持办公自动化应用，如人事、财务和市场决策等系统的运作。MAP 网络支持生产自动化应用，全 MAP 网络支持车间和部门之间的生产调度等，最小 MAP 网络支持生产设备与单元控制器之间的指令和响应的交换，增强型 MAP 结点实现全 MAP 网络和最小 MAP 网络之间的互联操作。

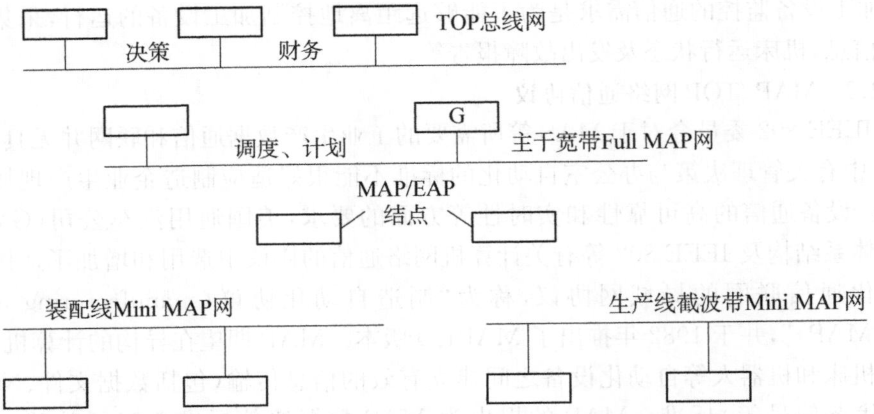

图 4-26　基于 MAP/TOP 体系的一般企业网络组成

4.3.3　FMS 实时调度与控制决策

FMS 的设计和运行涉及多个方面，其中 FMS 调度是 FMS 中最主要的组成部分，也是影响 FMS 柔性和设备利用率的关键因素。本节对 FMS 调度的基本理论及控制决策作一简要介绍。

4.3.3.1　FMS 实时调度的基本理论

FMS 调度是指在 FMS 环境下，在给定的时间周期内给工作站分派作业的一种决策过程。FMS 调度实时的是动态过程，对生产活动进行动态优化控制。其实质是以人们关心的诸如系统利用率、平均流通时间和平均延迟等参数作为系统评价指标，安排出使某个或几个评价指标最大(最小)的工序顺序。目前有关 FMS 调度研究的文献较多，然而由于决策依赖于状态的 FMS 调度非常复杂，其可解性仍是一个值得在理论上和实际中不断研究、探讨的问题。主要表现在以下几个方面：

(1) FMS 调度的基本问题是作业与资源的优化匹配问题，在计算上属于非确定性多项式求解问题，目前切合实际的算法尚待进一步研究。

(2) 作业调度中常出现多目标冲突问题，这给理论方法的应用带来了新的困难。

(3) 调度方法的解析性很差，难于直接引用现有的控制理论方法。

(4) CIMS 环境下，FMS 动态调度与 CAD、CAPP、MIS 等的协作关系有时不很清楚，从而给 FMS 调度问题增加了难度。

1) FMS 实时调度特点

FMS 调度问题是从传统的生产车间的调度问题发展而来的。FMS 调度与传统的生产车间的调度相比，其最大的区别在于 FMS 具有独特的高速传输线和加工柔性。由于 FMS 调度需要考虑可变加工路线、工序顺序和缓冲存储器规模的限制等特殊系统特征，因而要求更高。

调度的结构层次范围是从顶层的调度决策到详细层的调度决策。顶层调度决策强调整个时间内对生产和工厂的各种操作计划,这些操作包括零件的选择、资源(如加工设备)的计划及工序的生成等。该层的目标是对多功能领域各种活动的协调。此调度功能的输出是计划草案或主生产计划,它用于设置生产目标,并且作为生产评估、计划和采购资源的基础。在详细层,调度控制着每日的生产计划,并且提供达到生产目的的措施,找出作业的最优路线,并且高效地利用资源,而后者往往受到环境和时间的约束。按照交货期时间和地点等约束来分配作业,要考虑到资源的类型、数量、位置和加工的优先顺序等。

FMS 的实时调度是将一定数量的工件合理分配给 FMS,实时调度是在系统加工过程中进行的,它是根据系统当前的状态及预先给定的优化目标,动态地安排零件的加工顺序,调度管理系统资源。实时动态调度可分为对被加工对象的动态排序与对系统资源生产活动的实时动态调度两类。

(1) 对被加工对象的动态排序。在一台加工设备上有多个零件排队等待加工的情况下,调度系统要根据系统的状态和预先确定的优化目标,确定这些零件的加工顺序。

(2) 对系统资源生产活动的实时动态调度。由于制造系统随时可能发生一些不可预测的情况(如设备故障、刀具破损等),可能打乱原先的静态调度。

用动态调度系统对 FMS 进行生产的调度和控制,是 FMS 设计和运行中的一个必不可少的组成部分。动态系统中,各种工件在随机的时刻不断地进入系统进行加工,同时又不断有完成加工的工件离开,因此,它不能像静态调度那样一次完成排序而在以后的整个加工过程中不再改变。

FMS 的调度使系统在实时状态下能高效地运行,因此单元控制器必须在系统运行过程中随时作出各种决策,从而控制 FMS 的后继活动,这些决策策略是基于调度规则对设备、工件和刀具等的选择。由于 FMS 是一个离散事件系统,在两个事件之间其实际系统的状态是保持不变的。因此整个系统可以动态描述成通过推进一个事件到下一个事件的仿真时钟。FMS 中事件的发生点也是调度和控制系统的决策点,而在各个时间点上实时调度系统可能有不同决策内容。

2) FMS 调度决策

综上所述,FMS 的实时动态调度是个非常复杂的任务。首先在进行调度之前必须搜集相对完整的系统实时状态数据,其次对数据进行分析,在数据分析的基础上才能作出适当的决策,最后尽可能选择最优的决策方案。柔性制造系统中,通常有如下的决策点:

(1) 工件进入系统的决策点。根据系统的作业计划,决定应向系统输入哪类工件。决策规则包括工件优先级、工件混合比、工件交货期、托盘应匹配某种工件和先到先服务等。

(2) 工件选择加工设备的决策点。根据加工设备的负荷和工件加工计划,决定在能够完成工序的各替代加工设备中选择一台合适的加工设备。决策规则包括确定性设备、最短加工时间、最短队长、最早开始时间和加工设备优先级等。

(3) 加工设备选择工件的决策点。根据系统的加工负荷分配,决定某时刻加工设备应该从其队列中选择哪个工件,它可以决定各工件在加工设备上的加工顺序。决策规则包括先到先加工、后到后加工、最短加工时间、最长加工时间、宽裕时间最短、宽裕时间最长、剩余工序最少、剩余工序最多、最早交货期、最短剩余加工时间、最长剩余加工时间和最高优先级等。

(4) 小车运输方式的决策点。根据申请小车服务的对象的优先级或小车与服务对象的距离等因素,决定在所有申请小车服务信号中响应哪个信号。决策规则包括先申请先响应、就近响应、最高优先级和加工设备空闲者等。

(5) 工件选择缓冲站的决策点。根据工件下一个加工设备与缓冲站的位置及缓冲站空闲情况,决定工件(装夹在托盘上)选择哪一个缓冲站。决策规则包括固定存放位置规则、就近存放和先空的位置先放等。

(6) 选择小车的决策点。根据小车的空闲情况和其当前位置,决定在多辆小车的条件下选择哪一辆小车。决策规则包括固定小车运输范围的规则、最早空闲的小车、最低利用率、最短到达时间和最高优先级等。

(7) 加工设备选择刀具的决策点。根据刀具的使用情况和刀具的当前位置等,决定在能够完成工序加工的刀具中选择哪一把刀具。决策规则包括刀具的利用率最低、刀具的距离最近和刀具的使用寿命最长等。

(8) 刀具选择加工设备的决策点。根据机床上加工零件的情况和机床本身情况,决定有几台机床使用同一把刀具时,刀具去哪一台机床。决策规则包括最早申请刀具的加工设备优先、加工设备利用率最低、加工设备上零件加工时间最短、加工时间最长、剩余工序数最少、剩余工序数最多、剩余加工时间最短、剩余加工时间最长、优先级最高和工件交货期最早等。

(9) 刀具选择中央刀库中刀位的决策点。根据刀具从当前位置到中央刀库的距离或该刀具下一步应在哪台机床上使用等情况,决定从刀具进出站或加工设备上运送到中央刀库的刀具存放在刀库哪一个刀位。决策规则包括固定位置规则、随机存放和就近存放等。

(10) 刀具机器人运刀的决策点。根据申请服务对象的情况,决定在所有申请刀具机器人服务信号中响应哪个信号。决策规则包括先申请先响应、最高优先级、加工设备利用率最高、加工设备利用率最低、最早交货期和就近响应等。

3) FMS 调度规则

由于动态调度实时性的要求,通常难以用运筹学或其他决策方法在满足生产实时性要求的情况下求得问题的最优解。因而在动态调度中人们广泛研究和采用从具体生产管理实践中抽象提炼出来的若干经验方法和规则进行调度,即解决前面提出的需要决策的问题。常见的调度规则如下:

(1) 处理时间最短(SPT)。该规则使得服务台在申请服务的顾客队列里选择处理时间最短的顾客进行服务。例如,加工设备选择工件时,首先选择所需加工时间最少的工件进行加工,小车、机器人在响应服务申请时,首先响应运行时间最短的服务对象等。

(2) 处理时间最长(LPT)。该规则使得服务台在申请服务的顾客队列中选择处理时间最长的顾客进行服务。例如,加工设备首先选择加工时间最长的工件进行加工,小车、机器人首先响应运行时间最长的服务对象等。

(3) 剩余工序加工时间最短(SR)。该规则使得服务台在申请服务的顾客队列里选择剩余工序加工时间最短的顾客进行服务。例如,加工设备首先选择剩余工序加工时间最短的工件加工。

(4) 剩余工序加工时间最长(LR)。该规则使得服务台在申请服务的顾客队列里选择剩余工序加工时间最长的顾客进行服务。例如,加工设备首先选择剩余工序加工时间最长的工件加工。

(5) 下道工序加工时间最长(LSOPN)。该规则选择下一道工序加工时间最长的工件首先接受服务,其目的是使该工件尽早完成当前工序,以便留有充足的时间给下道工序的加工。

(6) 交付期最早(EDD)。该规则确定交付日期最早的工件最先接受服务以期该工件尽早完成整个生产过程。

(7) 剩余工序数最少(ROPNR)。该规则选择剩余工序数最少的工件首先接受服务，以便该工件尽早完成加工过程，使系统的在制品数减少。

(8) 剩余工序数最多(MOPNR)。该规则选择剩余工序数最多的工件首先接受服务，以便该工件能有足够的时间完成这些剩余工序的加工，从而尽量避免工件完成期的延误。

(9) 先进先出(FIFO)。该规则规定先到达队列的顾客先接受服务。例如，先到达加工设备队列的工件先接受加工，先申请小车、机器人服务的设备(或工件、刀具)先接受服务等。

(10) 随机选择(RS)。该规则在服务队列中随机地选择某一顾客。

(11) 松弛量最小(SLACK)。该规则选择松弛量最小的工件首先接受服务，工件松弛量=交付期−当前时刻−剩余加工时间。显然若工件的松弛量为负，则肯定该工件已不能按期交货。

(12) 单位剩余工序数的松弛时间最小(SLOPN)。该规则选择每单位剩余工序数的松弛时间最小的工件首先接受服务。单位剩余工序数的松弛时间=松弛时间/剩余工序数。显然，SLOPN 值越小，则工件需完成剩余工序加工的紧迫感越强。

(13) 下道工序服务队列最短。该规则优先选择这样的工件，即完成该工件下道工序的设备请求服务的队列最短。

(14) 下道工序服务台工作量最小。该规则优先选择这样的工件，即完成该工件下道工序的设备的工作量最小。

(15) 组合规则。该规则的目标是利用 SPT 规则，但优先加工那些具有负松弛量的工件。

(16) 优先权规则。优先权规则设定每一工件、设备或刀具的优先等级，优先响应优先权等级高的申请对象。

(17) 确定性规则。确定性规则指选择的对象是指定的。例如，工件按指定的顺序引入系统、工件送到指定的加工设备、缓冲区中的托盘站及选择指定刀具等。

(18) 利用率最低规则。利用率最低规则首先选择队列中利用率最低的服务台进行服务。例如，利用率最低的加工设备优先选择工件进行加工，利用率最低的刀具首先被选用等。

(19) 启发式规则。启发式规则是人们从长期的调度实践中抽象提炼出来的经验方法和规则，它是取得可行或较好解的一种常用方法，常用于无法用运筹学方法求得最优解的情况。

4) FMS 实时调度中的几个关键问题

(1) 建模的复杂性。FMS 资源调度是一个典型的难于求解问题，与传统生产车间的调度不同，它需要有效管理的资源种类很多，除 CNC 机床外，还有刀具、夹具、物料传输机器人、托盘和工件缓冲站等。由于 FMS 是属于离散事件动态系统的范畴，每一时刻系统的行为依赖于众多资源复杂交互的状态(如并发、异步和死锁等)，因此模型应尽可能全面地抽象表示出各资源因素及其复杂交互机制。另外建模过程中还应考虑许多柔性因素，如路径的柔性、生产计划的改变等。

(2) 决策多样性。由于加工存在多种工艺路线，工件在系统中的加工流程是可变和可选择的，因而在 FMS 运行过程中需要作出多种决策，如确定工件应何时送入系统，确定工件加工路径并选择各类资源(机床、传输设备等)，各资源对工件处理顺序的调度等。随着模型中考虑因素的增多，调度要作的决策也相应增多，一般应采用递阶方案解决，如何安排各决策在递阶方案中的位置也是一个值得考虑的问题。

(3) 动态性要求。FMS 是动态系统，调度应能实时地对资源进行管理，及时处理由于机器维护、机器故障和急件插入等各种异常工况给系统带来的影响，始终保证系统处于最佳状态。

(4) 不确定因素的存在。FMS 调度中存在不确定性因素，主要表现在以下几个方面：

① 目标的不精确性。宏观上调度目标往往是不清晰的，多个目标之间甚至可能相互矛盾。例如，一些常用的目标有：在交货期之前完成；降低在制品库存量；提高系统生产率；降低调度对随机事件的敏感度，提高柔性。其中各目标之间就存在矛盾。对多目标进行恰当表示和处理是 FMS 调度中值得注意的问题。

② 环境的动态性和随机性。例如，加工计划突然改变，各加工任务时间不是严格确定的，机器在运行中往往会发生一些故障。

所有这些实际应用中的具体情况，使调度问题复杂多变，也使这一问题的解决变得更加困难。

4.3.3.2 FMS 的控制决策系统

FMS 的控制决策包括数据文件、调度规则和计算机视觉识别信息调度模块等。数据文件包括加工任务、加工命令和原材料等。柔性制造系统以事件的发生和停止为特征，并由事件支持整个系统的活动。能使系统的状态发生改变取决于其触发条件是否满足。系统中不同任务可以同时向同一资源设备提出服务请求，如多个工件申请机床加工、多个运输任务申请 MHS 服务等，实际运行时系统资源只能为一个任务服务，这就存在资源竞争问题。另外，由于加工零件多种工艺路线的存在，工件在系统中的加工流程是可变和可选择的。基于这些原因，FMS 运行过程中存在多种决策和控制问题，系统的总体性能与控制决策是分不开的。调度模块根据系统所要求的优化目标，动态地根据下级送上来的反馈信息和系统的状态数据，决定下一步执行哪一道工序，并协调各加工设备的加工活动。

要使柔性自动化制造系统在其运行过程中取得预期的效果，关键就在于实现系统的优化控制。为此，必须对系统的决策控制结构及其功能要求进行认真分析研究，从而设计开发出一个可靠的、能满足各种控制功能要求的系统控制软件。

1) 对 FMS 控制结构的要求

一个柔性制造系统的控制与监控功能包括各种不同形式的任务。考虑到柔性制造系统将来的发展，其控制结构具有如下一些新颖的特征。

(1) 易于适应不同的系统配置，最大限度地实行系统模块化设计。

(2) 尽可能地独立于硬件要求。

(3) 对于新的通信结构及相应的局域网协议(如 MAP、现场总线)具有开放性。

(4) 可在高效数据库的基础上实现整体数据维护。

(5) 对其他要求集成的 CIM 功能模块备有最简单的接口。

(6) 采用统一标准。

(7) 具有友好的用户界面。

目前，各种已开发使用的 FMS 控制软件，往往都是一种特定的专用解决方式。因此对于制造系统的布局变化或一般的生产过程变动就要求控制软件作相应的调整，很大部分的程序往往必须重写。为此必须根据生产的不同需求，实现一种分散型的控制系统，在该系统中不同的部分之间的接口应该是清楚透明的。这将为用户提供灵活使用 FMS 控制系统的可能性，他们可根据各自的使用环境条件进行组合，从而使控制软件与生产过程达到最佳的匹配。

在开发软件时，软件及所采用的数据结构应分成两个部分，一个是与用户无关的，而另一个是可由用户定义的。因此,在软件开发阶段即应考虑设置一些透明的接口,构造一个可通用的部分,以便经过部分专门编写的程序就能扩展到一些特定的装置上以适应新的使用场合。数据库系统是软件开发中的一个重要问题。现在一般采用的是一个关系型的,有时是分布式的数据库。利用这个数据库系统应当能够保证各个使用者可通过一个确定的标准接口来存取生产控制中出现的各种数据。用户所选择的数据库不但保证是一个能最佳满足使用要求的数据库系统,而且还应当有一个先进的通信系统,这既包含计算机之间的通信联系,又包括计算机与机床之间的通信联系。

2）FMS 管理与控制系统的结构

典型 FMS 控制系统的分层递阶结构如图 4-27 所示,由物理级和控制决策级组成。FMS 的物理级即为车间配置,包括加工中心等各种资源设备和加工对象;各资源设备和加工对象以不同的状态存在于 FMS 中,以构成加工过程的各种状态,对 FMS 的调度和控制就是对资源设备和加工对象的协调。FMS 的控制决策级包括数据文件、计算机视觉识别信息和调度模块等。数据文件包括加工任务、加工命令和原材料等。柔性制造系统以事件的发生和停止为特征,并由事件支持整个系统的活动。另外由于加工零件多种工艺路线的存在,工件在系统中的加工流程是可变和可选择的。因此 FMS 运行过程中存在多种决策和控制问题,系统的总体性能与控制决策是分不开的。调度模块根据系统所要求的优化目标,动态地根据下级送上来的反馈信息和系统的状态数据,决定下一步执行哪一道工序,并协调各加工设备的加工活动。

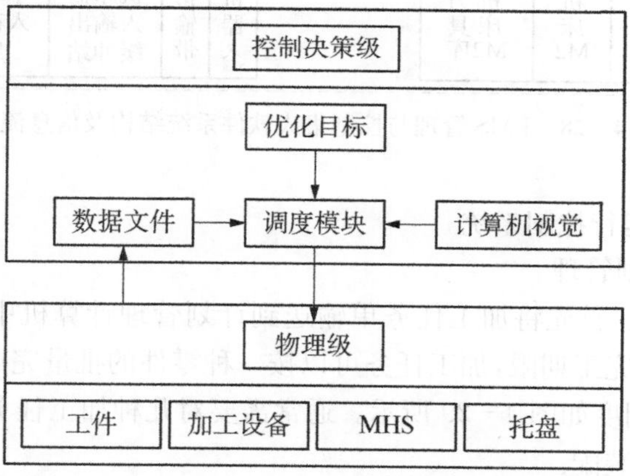

图 4-27 典型 FMS 控制系统的分层递阶结构

各个软件模块应构成一个可灵活组合的控制软件以适应将来各种要求。这一点对于所包含的各个模块都是适用的,不管它们分别承担何种功能。

控制软件系统是一个集成化 FMS 网络管理与控制系统,它由各功能模块组成,其中包括基本管理与控制模块、决策规则模块、网络通信协议 IPX/SPX、应用程序接口 API 和各控制功能模块,FMS 管理与控制集成软件系统结构及信息流程如图 4-28 所示,整个控制软件由 C 语言编程实现。

基本管理与控制系统担负着整个集成化软件系统中各软件模块的管理和相互通信功能。决策规划模块通过状态变量将系统内所有功能块之间的顺序和并发事件联系起来,对整个 FMS 的协调、高效和高柔性的运行起着重要作用。

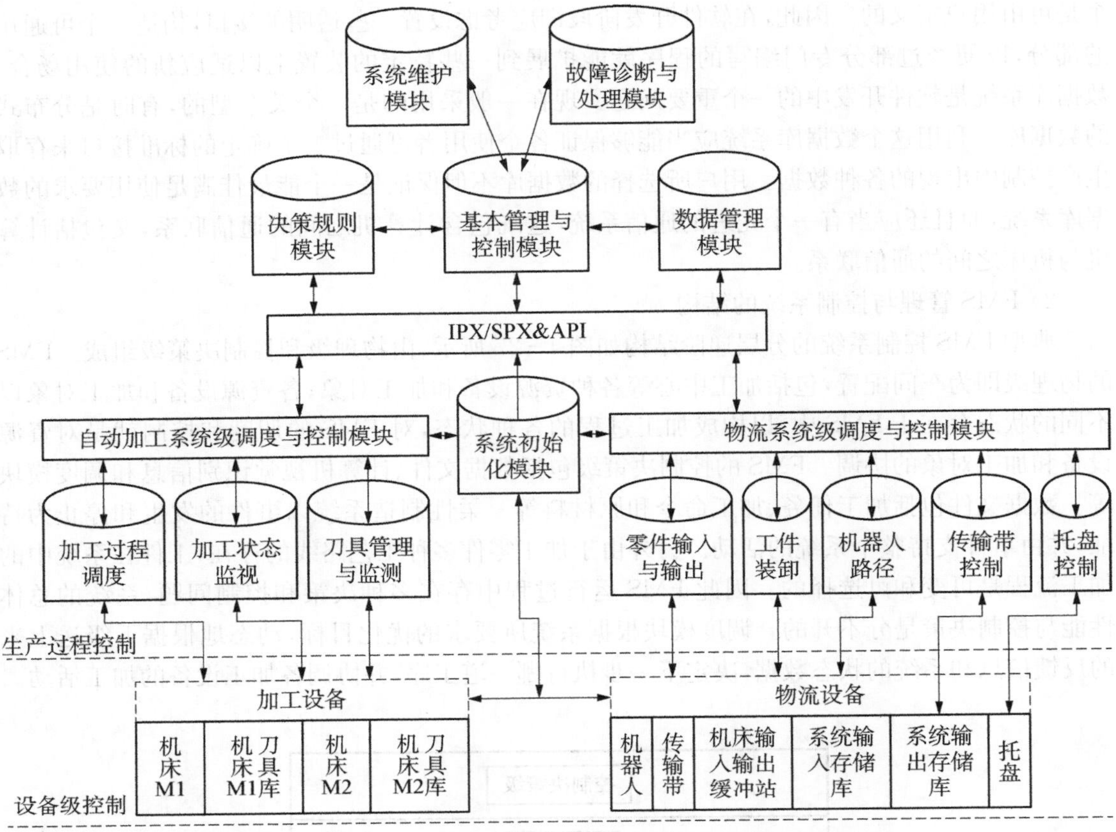

图 4-28 FMS 管理与控制集成软件系统结构及信息流程

4.3.3.3 FMS 的运行控制系统

1）FMS 的作业计划管理

（1）作业计划调度。首先将加工任务单输送到计划管理计算机中，主要内容有加工任务单号、零件号、工件数和完工期限，加工任务可以按一种零件的批量完成或几种零件混合完成，FMS 作业计划编制和调度如图 4-29 所示。通常需要对几种加工任务单作出适当安排，以便所生产出的零件能配套装配。

作业计划编制的基本原则是在系统中尽可能减少随行夹具的情况下提高机床负荷率，并缩短加工任务的通过时间。具有最高优先权的加工任务可以首先加工。在任务安排过程中要检查所需的数控程序，随行夹具和其他基本数据是否都已存在。如果没有，则向操作员发出提示信息，即在屏幕上显示或打印出来。

如果操作员确认所缺的资源能及时获得补给，则此项加工任务可被系统接纳和调度，只要在系统中有空闲的加工能力和物料，那么作业调度过程就应反复运行。在实际投放加工任务时，要再次检查机床的可用度和物料的准备情况。

（2）刀具需求计划。对于已经安排好的加工任务，要编制刀具需求计划，一般采用两种方式，刀具需求计划如图 4-30 所示。

① 计划需求。从数控程序的刀具清单中得到刀具的标识号和每次调用刀具的使用时间，在刀具基本数据库中存放了所有系统中已知刀具的寿命值。由此通过数据的连接，得出了刀

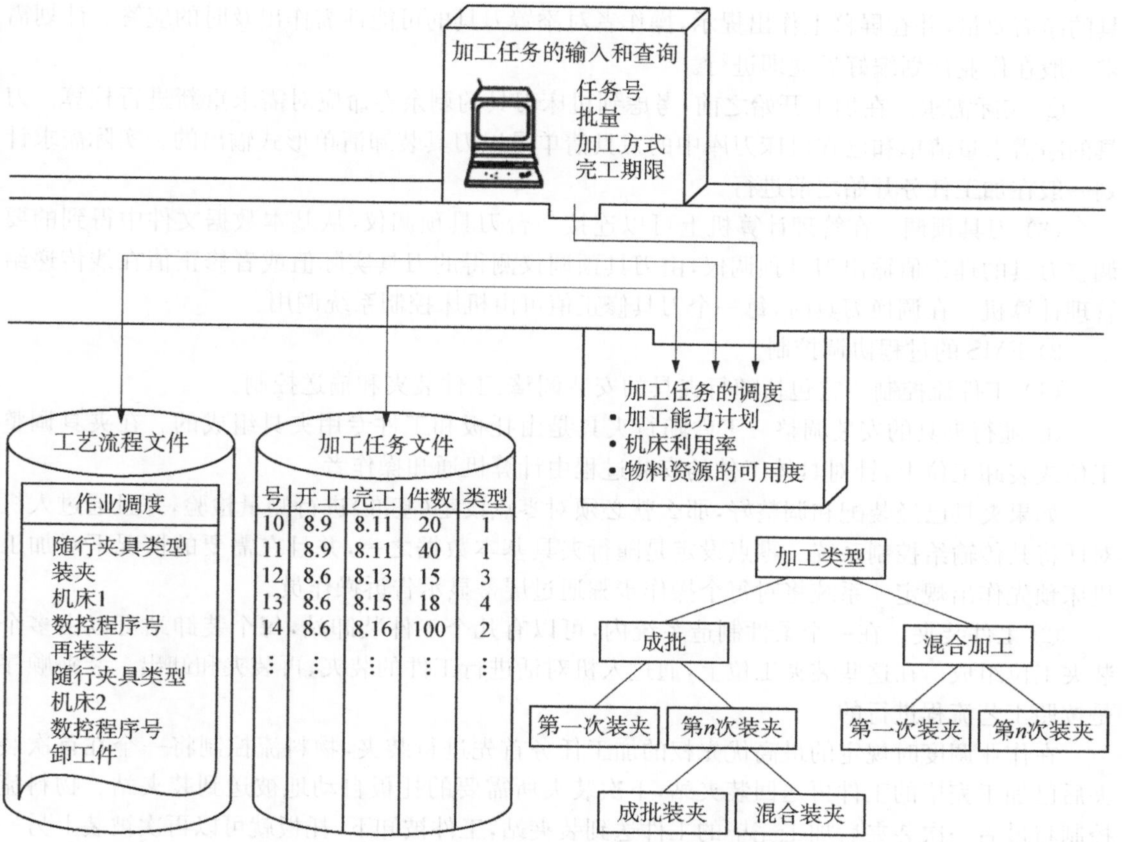

图 4－29　FMS 作业计划编制和调度

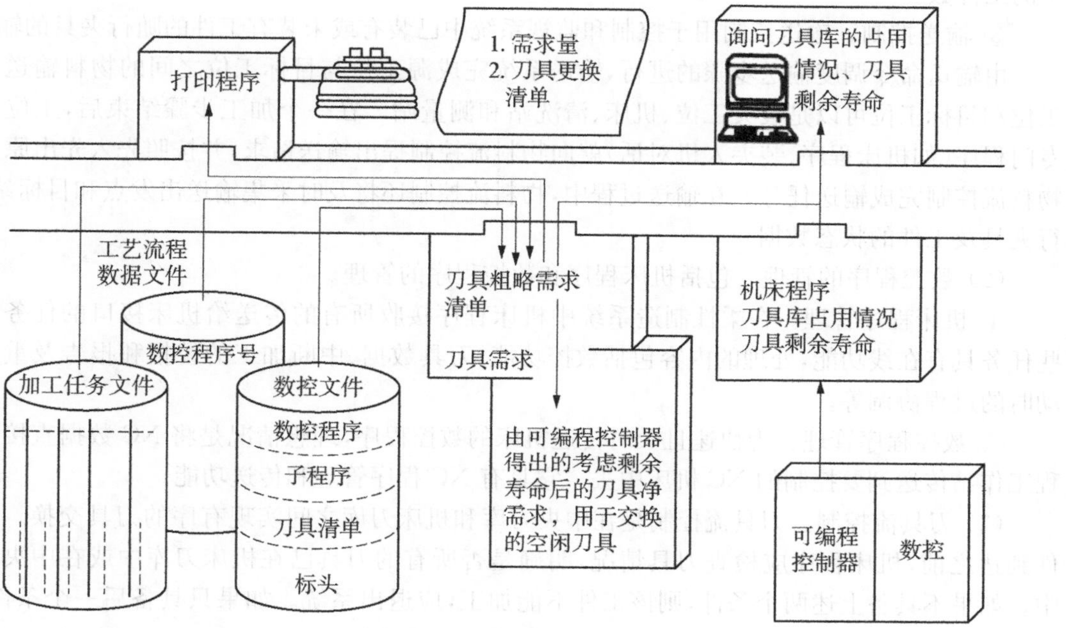

图 4－30　刀具需求计划

具的净需要量，并在屏幕上作出提示，操作者对添置刀具的可能性需作出及时的应答。计划需求一般在作业计划编好后立即进行。

② 实际需求。在加工开始之前，考虑到机床刀具的剩余寿命应对需求重新进行核算。刀具的净需求量清单和已在机床刀库中的刀具清单是以刀具装卸清单形式输出的。实际需求计划一般在加工任务开始之前进行。

(3) 刀具预调。在管理计算机上可以连接一台刀具预调仪，从基本数据文件中得到的要调整刀具的理论值输出刀具预调仪，由刀具预调仪测得的刀具实际值或者修正值在线传递给管理计算机。在调换刀具时，每一个刀具修正值可由机床控制系统调用。

2) FMS 的过程协调控制

(1) 工件流控制。它包括随行夹具的安装调整、工件装夹和输送控制。

① 随行夹具的安装调整。工件随行夹具是由托板和工件专用夹具组成的。在夹具调整工位或装卸工位上，针对具体工件的安装过程由计算机通知操作者。

如果夹具已经装配和调整好，那么就必须对零点设定(基准)进行测量检验，并且通过人机对话将其传输给控制系统。零点设定是随行夹具基本数据之一，并且在需要的情况下对加工机床预先作出规定。系统将对每个操作步骤通过屏幕显示告诉操作员。

② 工件装夹。在一个柔性制造系统内，可以有几个工件装卸站，每个装卸站可以由多个装夹工位组成。在这些装夹工位上，通过人机对话进行工件的装夹、再装夹和卸出。装夹顺序是按照工艺流程进行的。

在作业调度时规定的最高优先权的加工任务首先进行装夹，物料流控制将一个在首次装夹后已加工完毕的工件再送回装夹站，下次装夹所需要的托板自动地被送到装夹站。物料流控制将最后一次装夹后加工完毕的工件送到装夹站，工件被卸下，托板就可以再次被装上另一个工件。在所有的装夹与加工操作结束后，就可以获得工件的状态数据。在工件再装夹和卸下时，质量评定报告给出工件合格、返工或者次品。在屏幕上显示出已加工好的工件数和待加工的工件数。

③ 输送控制。输送控制用于控制和监视系统中已装有或未装有工件的随行夹具的输送。

由输送命令调度输送步骤的进行，输送系统完成源工位与目标工位之间的物料输送。源工位和目标工位可以是装夹工位、机床、清洗站和测量站。在一个加工步骤结束后，工位上的专门程序(如机床程序、装夹人机对话)就向物料流控制提出输送请求，并按照先入先出原则由物料流控制完成输送任务。在输送过程中，物料流控制还将及时采集输送出发点和目标站、随行夹具及工件的状态数据。

(2) 数控程序的管理。包括机床程序和数控程序的管理。

① 机床程序管理。在柔性制造系统中机床程序接收所有的传送给机床接口的任务。这些任务具有在线功能，处理的内容包括数控功能、刀具数据、中断加工的警报和报告及重新启动时的过程协调等。

② 数控程序管理。为快速且及时传送机床的数控程序，理想情况是将 NC 数据直接从编程工作站传送到要控制的 NC 机床中去。它具有 NC 程序管理和传送功能。

(3) 刀具流控制。刀具流控制是在中央刀库和机床刀库之间实现有序的刀具交换。在工件到达之前，机床程序应检查刀具情况，明确是否所有的刀具已在机床刀库中或在中央刀库中。如果不具备上述两个条件，则该工件不能加工，应退出系统。如果只具备后一个条件，则需要进行刀具交换。

将刀具输送至相应机床的时间控制是通过可编程控制器实现的。在数控程序的标识中，可编程控制器获知进行刀具交换的信息，从而刀具流控制系统发出刀具交换指令，然后向刀具输送装置传输刀具位置的坐标，以便该装置移向相应位置抓取所需的刀具，送到机床并装到机床刀库中。实际换刀的过程还要考虑中央刀库的管理程序功能，它包括存放刀具的位置管理、现有加工任务所需的刀具检索及机床占用刀具的信息。通常采用条形码作为刀具标识码，利用激光阅读与计算机连接。

3）加工过程监控为了保证柔性制造系统的运行可靠性

通常采用以下过程监控措施：刀具磨损和破损的监视；工件在机床工作空间的位置测量；工件质量的控制；各组成部分功能检验及故障诊断。FMS的加工过程监控功能如图4-31所示。

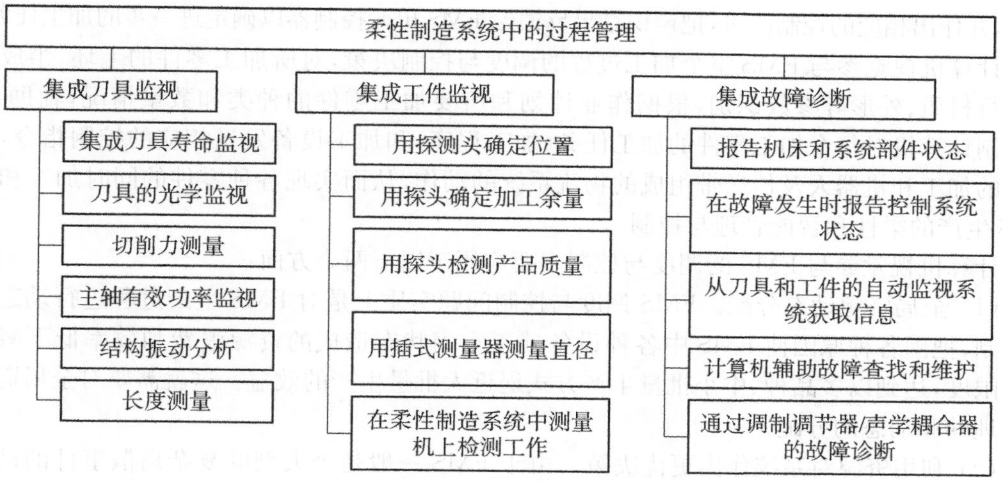

图4-31 FMS的加工过程监控功能

通过对系统各组成部分、导致停机的事件和假定的早期识别出的废品监视，来采取相应的对策以增加系统的有效性。

（1）集成化的刀具监控。刀具监控系统的目标是在废品可能产生前检测出刀具的破损和有缺陷的刀具，以免造成机床、工件和夹具的损坏。为此刀具监视系统必须考虑到柔性制造技术的特殊要求。一个通用的能用于不同机床运行的监视系统是没有的，必须提供某些在功能上相互补充的监视系统以满足应用的需求。此外刀具寿命监视通过CNC系统来得到刀具工作时间范围，这可通过传感器直接或间接地检测刀具状态而得到。

在加工过程中使用监视主轴驱动器的有效功率、加工中的切削力或者使用一些结构振动分析的方法来监视系统的工作过程。随着力测量传感器和超声传感器的应用，不仅可用于测量极限值，而且还可测量破损特征力曲线，这样便有了更可靠和更全面的破损监控功能。

（2）工件的监控系统。工件监控系统是指工件的识别、具有零偏置的工件位置确定、加工过程中工件质量的检查。同期望的几何形状间的偏差可通过机床工作区域、接近系统的测量区域或测量机的测量装置来确定。

测量探针一般适用于识别工件、探测未加工零件的位置及用来核查加工的下一步操作的可能，如核对一个孔是否适用于接下来进行的螺纹加工操作。在将来，测量机将作为独立的测量单元和完全集成的测量组件而得到广泛应用。为了能够快速和正确地测量，测量机必须要连接到制造系统中，以便能及时交换信息。

(3) 故障诊断系统。柔性制造系统中完整的过程监控包含有故障诊断功能，即对加工中心功能和所有系统部件进行持续监控。在这种情形中，这些智能过程的功能在系统控制单元的过程控制级进行监控，所有发生的故障均被记录入一个诊断文件中，并对此进行评估后在控制面板上报警显示。专家诊断系统将为操作人员提供不断增加的支持，对故障进行模拟研究，实现快速故障诊断，从而找到快速确定和消除故障的可能方法。

4) 计算机视觉用于 FMS 调度与控制视觉系统是一些 FMS 的辅助系统

在物理结构上，它属于工作站级，但在控制结构中它则高于工作站级，并在 FMS 单元控制器的控制之下工作，辅助单元控制器对 FMS 进行生产管理与调度。加入计算机视觉系统后，相当于给 FMS 加入了一个反向即自下而上的信息流向，实时反馈在输入输出缓冲站中对零件的辨识结果，并作出相应的控制决策，把辨识结果反馈给 FMS 单元控制器以确定进一步的加工任务。

计算机视觉参与 FMS 整个加工过程的调度与控制决策，对所加工零件的毛坯、半成品零件进行材质、外形等参数识别，根据作业计划和所要加工零件的种类和数量情况，辅助 FMS 主控制计算机对每个加工零件的加工任务(加工程序)和加工设备发送相应的控制指令，控制机床的加工和机器人及传送带组成的物流系统的动作，从而实现各种零件的同时加工和辅助 FMS 生产的柔性和智能管理与控制。

计算机视觉参与 FMS 的调度与控制主要应用于以下两个方面：

(1) 全局资源动态分配。FMS 调度与控制问题实质上是对 FMS 生产过程进行动态管理与控制，把因各种原因使 FMS 中各种设备处于空闲状态造成的资源浪费和效率低下减小到最低限度，达到以多品种、中小批量生产方式逼近大批量生产的效益。这就需要对全局资源进行合理的和动态的分配。

(2) 利用资源对系统作出更优决策。由于 FMS 一般是个大型的复杂离散事件的动态系统，它以事件的发生和消失为特征，并发事件支持整个系统的活动。达到系统全局最优的调度和控制策略十分复杂，且难以实现。调度和控制策略的好坏，直接影响 FMS 的运行效率。如果说 FMS 固有的柔性仅是一种资源，计算机视觉系统辅助 FMS 生产调度与控制则为系统提供了利用这种资源和实现对系统作出更优决策的手段。

计算机视觉应用 FMS 的调度与控制时，可利用计算机优化其调度与控制决策。

(1) 建立基于视觉系统的 FMS 生产管理与调度控制算法。由于计算机视觉参与 FMS 的生产管理与调度决策，常用控制决策算法有所改变，其中有 FMS 单元控制器的作用，也有计算机视觉系统的作用。有必要首先建立两者自身的算法，这些算法均是基于事件的，其次建立两者的输入输出接口及其约定，最后应特别注意对竞争事件的处理以使两者动作协同。

(2) 提供在线决策支持。对不同复杂程度的阶梯类回转体零件自动提取特征参数并进行相关识别，实现适合于加工过程的实时图像处理方法，使计算机视觉系统可识别所有 FMS 能加工的零件(包括零件的材质、外形轮廓等)，并向主控制计算机发出准确的零件识别信息。

计算机视觉系统用于 FMS 调度与控制的优势如下：

(1) 计算机视觉能直接对零件进行识别，而不是通过对托盘的识别而间接地识别零件，因而能判别和检测人为造成装载错误零件和装夹位置的不准确，托盘可以在系统内任意位置移动，不用等待某一特定零件，从而提高了托盘的利用率。

(2) 计算机视觉能在线监视生产过程，直接识别零件的外形，进而确定其加工任务和设备，并对零件进行分类，因而能同时加工不同种类的零件，从而可平衡加工设备的负荷，提高加工设备的利用率。

(3) 计算机视觉能同时加工多种不同的零件，能按产品的要求实现不同种类和数量零件的并行生产，使产品装配和零件生产同步进行，从而缩短加工周期，减少加工过程的库存量。

(4) 计算机视觉有效引入人工智能方法，对生产过程提供信息反馈，参与 FMS 的调度与控制决策，优化 FMS 调度与控制决策。

由于计算机视觉能及时提供加工过程的反馈信息，为提高 FMS 全局资源利用率提供决策依据，是实现 FMS 同时加工各种零件的关键所在。另外计算机视觉还能辅助生产管理与控制、优化性能和简化控制结构。因此，它的调度与控制决策的性能将直接影响 FMS 整体调度与控制决策的性能。

4.3.4　FMS 的计算机仿真

4.3.4.1　仿真基本概念

仿真就是通过对系统模型进行实验去研究一个存在的或设计中的系统。这里的系统是指由相互联系和相互制约的各个部分组成的具有一定功能的整体。

根据仿真与实际系统配置的接近程度，将其分为计算机仿真、半物理仿真和全物理仿真。在计算机上对系统的计算机模型进行实验研究的仿真称为“计算机仿真”。用已研制出来的系统中的实际部件或子系统去代替部分计算机模型所构成的仿真称为“半物理仿真”。采用与实际系统相同或等效的部件或子系统来实现对系统的实验研究，称为“全物理仿真”。一般说来，计算机仿真较之半物理、全物理仿真在时间、费用和方便性等方面都具有明显优势。而半物理仿真、全物理仿真具有较高的可信度，但费用昂贵且准备时间长。

图 4－32 给出了计算机仿真、半物理仿真和全物理仿真的关系及其在工程系统研究各阶

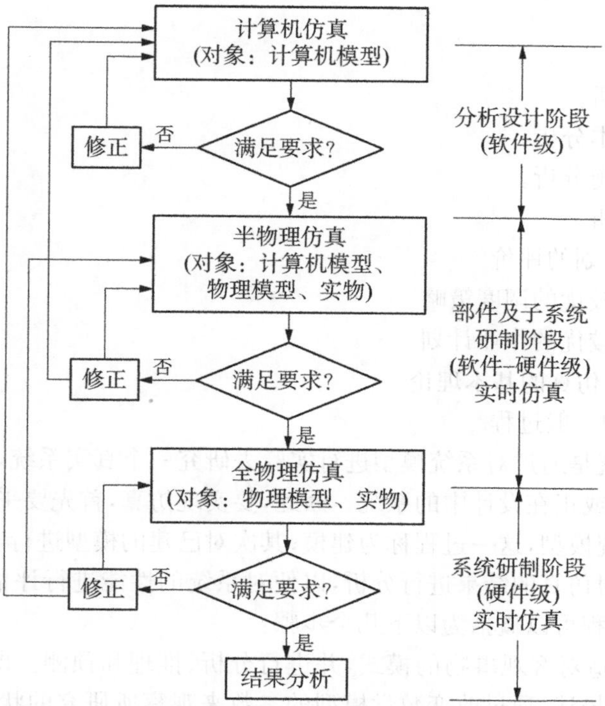

图 4－32　计算机仿真、半物理仿真和全物理仿真关系及其在工程系统研究各阶段的应用

段的应用。由于计算机仿真具有省时、省力和省钱的优点，除了必须采用半物理仿真或物理仿真才能满足系统研究要求的情况外，一般都应尽量采用计算机仿真。因此计算机仿真得到了越来越广泛的应用。

4.3.4.2 FMS 计算机仿真的作用

柔性制造系统的投资往往较大，建造周期也较长，因而具有一定的风险，其设计和规划就显得十分重要。计算机仿真是一种省时、省力和省钱的系统分析研究工具，在 FMS 的设计、运行等阶段可以起着重要的决策支持作用。

计算机仿真有别于其他方法的显著特点之一：它是一种在计算机上进行实验的方法，实验所依赖的是由实际系统抽象出来的仿真模型。由于这一特点，计算机仿真给出的是由实验选出的较优解，而不像数学分析方法那样给出问题的确定性的最优解。

计算机仿真结果的价值和可信度，与仿真模型、仿真方法及仿真实验输入数据有关。如果仿真模型偏离真实系统，或者仿真方法选择不当，或者仿真实验输入的数据不充分、不典型，则将降低仿真结果的价值。但是仿真模型对原系统描述得越细越真实，仿真输入数据集越大，仿真建模的复杂度和仿真时间都会增加。因此，需要在可信度、真实度和复杂度之间加以权衡。

在柔性制造系统的设计和运行阶段，通过计算机仿真能够辅助决策的主要有以下几个方面。

1）确定系统中设备的配置和布局

(1) 机床的类型、数量及其布局。

(2) 运输车、机器人、托盘和夹具等设备和装置的类型、数量及布局。

(3) 刀库、仓库和托盘缓冲站等存储设备容量的大小及布局。

(4) 评估在现有的系统中引入一台新设备的效果。

2）性能分析

(1) 生产率分析。

(2) 制造周期分析。

(3) 产品生产成本分析。

(4) 设备负荷平衡分析。

(5) 系统瓶颈分析。

3）调度机作业计划的评价

(1) 评估和选择较优的调度策略。

(2) 评估合理和较优的作业计划。

4.3.4.3 计算机仿真的基本理论

1）计算机仿真的一般过程

如前所述，仿真就是通过对系统模型进行实验去研究一个真实系统，这个真实系统可以是现实世界中已存在的或正在设计中的系统。因此，要实现仿真，首先要采用某种方法对真实系统进行抽象，得到系统模型，这一过程称为建模；其次对已建的模型进行实验研究，这个过程称为仿真实验；最后要对仿真的结果进行分析，以便对系统的性能进行评估或对模型进行改进。计算机仿真的一般过程可以概括为以下几个步骤：

(1) 建模就是构造对客观事物的模式，并进行分析、推理和预测。即针对某一研究对象，借助数学工具来加以描述，通过改变数学模型的参数来观察所研究的状态变化。建模包含下面几个步骤：①收集必要的系统实际数据，为建模奠定基础；②采用文字(自然语言)、公式、图形对模型的功能、结构、行为和约束进行描述；③将前一步的描述转化为相应的计算机程序（计算机仿真模型）。

（2）进行仿真实验输入必要的数据，在计算机上运行仿真程序，并记录仿真的结果数据。

（3）结果数据统计及分析对仿真实验结果数据进行统计分析，以期对系统进行评价。

在自动化制造系统中，通常评价的指标有系统效率、生产率、资源利用率、零件的平均加工周期、零件的平均等待时间和零件的平均队列长度等。计算机仿真的一般过程如图4-33所示。

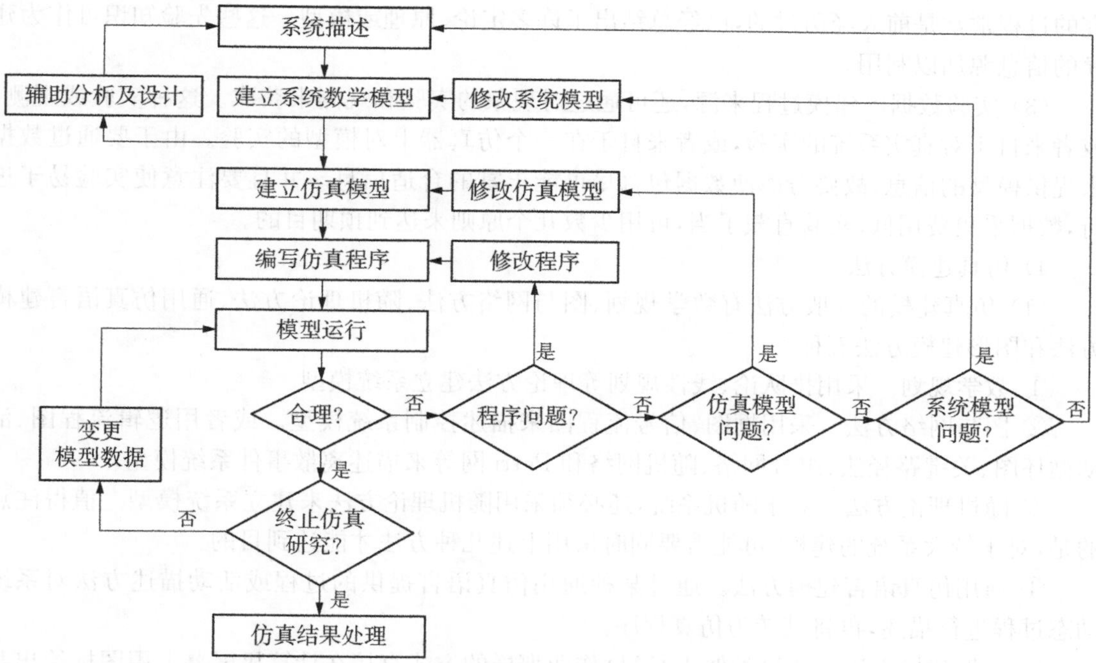

图4-33 计算机仿真的一般过程

2）仿真建模模型的基本概念及分类

（1）模型是集中反映系统信息的整体。模型是对真实系统中那些有用的和令人感兴趣的特性的抽象化。模型在所研究系统的某一侧面具有与系统相似的数学描述和物理描述。其具有下述特点：①它是客观事物的模仿或抽象；②它由与分析问题有关的因素构成；③它体现了有关因素之间的联系。从另一侧面来看，当把系统看成是行为数据源时，那么模型就是一组产生行为数据的指令的集合。

（2）模型分类。根据模型与实际系统的一致程度，把模型分为以下四类：

① 实物模型。如地球仪、原子核模型和人体模型等。它是实际系统在保持本质特征的条件下经缩小或放大而成的。

② 图形模型。如生产流程图、控制系统框图等以图形的形式来表示系统的功能及其相互关系。

③ 数学模型。通过系统的相互影响因素的数量关系，采用数学方程式来描述系统的方式。

④ 仿真模型。能够直接转化为计算机仿真程序的系统描述方式，如仿真中用于描述系统的逻辑流程图、活动循环图等。

3）仿真建模过程中的信息来源

建模就是对真实系统在不同程度上的抽象。这种抽象实际上是对真实系统的信息以某种适当的形式加以概括和描述，从而具体地确定出模型的结构和参数。建模过程有三类主要的信息来源：目标和目的、先验知识和实验数据。

（1）目标和目的。对同一真实系统，由于研究的目的不同，建模目标也不同，由此形成同一系统的不同模型。因此，建模过程中准确地掌握建模目的和目标信息，对建模是至关重要的。

（2）先验知识。建模过程是以过去的知识为基础的。在某项建模工作的初始阶段，所研究的过程常常是前人经历过的，已经总结出了许多定论、原理或模型。这些先验知识可作为建模的信息源加以利用。

（3）实验数据。建模过程来源，还可通过对现象的实验和观测来获取。这种实验或观测，或者来自于对真实系统的实验，或者来自于在一个仿真器上对模型的实验。由于要通过数据来提供模型的信息，故要考虑使数据包含尽可能丰富的合适信息。并且要注意使实验易于进行，数据采集费用低，实验直截了当，可用少数几个原则来达到预期目的。

4）仿真建模方法

（1）仿真建模的一般方法有数学规划、图与网络方法、随机理论方法、通用仿真语言建模方法和图形建模方法五种。

① 数学规划。采用排队论、线性规划等理论方法建立系统模型。

② 图与网络方法。采用框图、信号流程图来描述控制系统模型。或者用逻辑流程图、活动循环图、关键路径法、组合网络、随机网络和 Petri 网等来描述离散事件系统模型。

③ 随机理论方法。对于随机系统，还必须采用随机理论方法来建立系统模型。值得注意的是，对于较大系统的建模，可能需要同时采用上述几种方法才能达到目的。

④ 通用仿真语言建模方法。通过某种通用仿真语言提供的过程或活动描述方法对系统动态过程进行描述，再将其转为仿真程序。

⑤ 图形建模方法。通过类似于 CAD 作业那样的方式直接在计算机屏幕上用图标给出某个系统（如制造系统）的物理配置和布局、活动体的运动轨迹及控制规则和运行计划。

这是一种不必编程即可运行的建模方式。

（2）模型的可信度。模型的可信度是指模型对真实系统描述的吻合程度。可信度可从三个方面加以考察：

① 在行为水平上的可信度。这是指模型复现真实系统行为的程度。它体现了模型对真实系统的重复性的好坏。

② 状态结构水平上的可信度。是指模型能否与真实系统在状态上互相对应，从而通过模型以对系统未来行为作唯一的预测。它体现了模型对真实系统的复制程度。

③ 在分解结构水平上的可信度。它不仅反映了模型能否表示出真实系统内部工作情况，而且可唯一地表示出来。它体现了模型对真实系统的重构性的好坏。

4.3.4.4 FMS 仿真研究的主要内容

1）总体布局研究

FMS 在规划设计时，必须在明确制造对象和总体生产目标的基础上，确定系统的结构包括确定各种设备的类型和数量；确定各种设备的相互位置关系即系统布局；系统布局对既定的场地的利用情况；系统中最恰当的物流路径；研究系统在动态运行时是否会由于布局本身的不周全而发生阻塞和干涉，即系统瓶颈问题。

一般的方法是在按原则确定出系统的配置和布局后，首先通过仿真系统，按比较严格的比例关系，在计算机屏幕上设计出系统的平面域立体的布局图像；其次通过不同方位或不同运行情况下的图形变换来观察布局是否合理；最后通过系统的动态运行来研究是否存在动态干涉或阻塞问题。设计人员根据仿真结果对设计方案进行修改完善。值得指出的是，虽然在研究系统布局时涉及图形变换等动画处理，但从原理上来看仅仅是一种静态结构的仿真，不涉及制造系统本身的动态特性。只有在研究系统动态运行时发生干涉或阻塞问题时，才涉及系统的动态特性。而此时的系统的动态特性主要是着眼于移动设备和固定设备之间的关系以及物料运输路径的合理性。

图4－34是一个FMS的设计实例，其布局已按实际尺寸比例画出了仿真配置图，据此可以考察其场地利用和设备之间的相互关系。

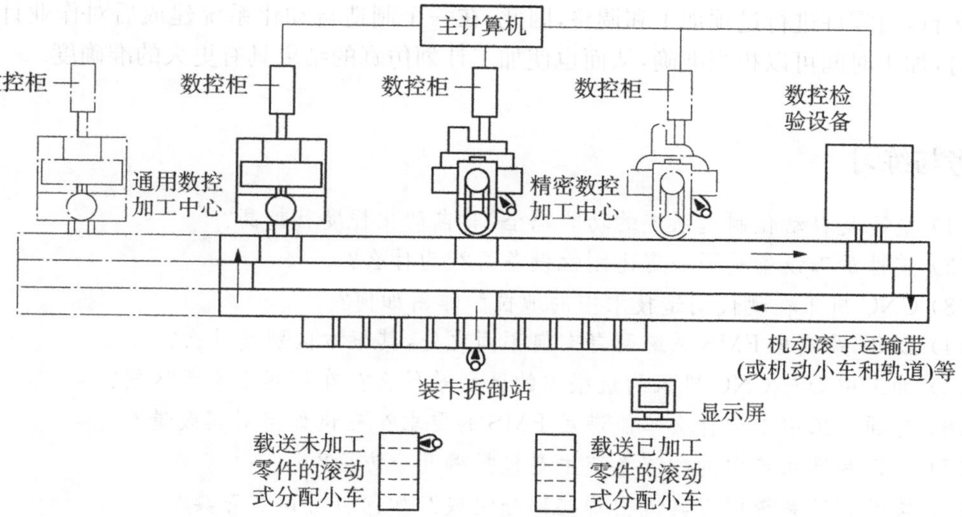

图4－34 FMS的设计实例

此方案是由精密和通用加工中心混合组成的系统。每种类型的机床只要有一台就能满足生产率的计划要求。如果要求生产效率高，也可为每种类型的机床配置一台冗余机床。此方案装备了一条单轨环型托盘自动传送系统。在大型的由许多工作站组成的柔性制造系统中，单轨传送线（环型或更为复杂的网络）是最常用的。由于本系统（机床不多，在机床上的停留时间较长）托盘的运输频率不高和运输时间不长，因而不必要采用更为复杂的网络路径。根据仿真结果和经济性等综合因素考虑，所设计选定的方案是合理的。

2）动态调度策略的仿真研究

如前所述，在一个柔性制造系统中通常有许多决策点。在不同的决策点具有相应的多个决策规则。因此，根据系统的具体情况在各个决策点采用某些决策规则，就构成了系统的不同调度方案。

进行动态调度策略的仿真研究是为了研究或验证在实际的制造系统控制过程中的动态调度方案是否合理、高效，或通过实验提前消除原控制系统软件的潜在缺陷，属于对系统的比较详细、深入的仿真。为此在建立仿真模型时，必须使仿真系统中与原制造系统中有对应相同的决策点，每个对应的决策点均采用对应相同的决策方法（由决策规则和规则的适用优先顺序等方法来确定)。每个对应的决策点在相同的条件下应产生对应相同的活动。换言之,仿真系统中的控制逻辑图应与原制造系统的控制逻辑图相同。

3) 作业计划的仿真研究

在柔性制造系统建成后,设备配置及调度策略就已经确定了。这时,影响系统运行效率的主要因素就是生产作业计划。由于在生产过程中考虑到后续工序的需求和系统总体效率,零件往往是以混合批次的方式在系统中进行加工的,通过仿真可以相当准确地预测不同加工计划的优劣,确定出最佳的混合配比值。当然,通过对作业计划的仿真,可以预测产品的交货期;是否能够按期完成任务;还可以预测在某个时期制造系统的产品产量。

对作业计划仿真的主要要素是根据实际作业计划抽象出零件类型和加工工艺路线及在每道工序上的加工时间。其中比较关键的数据是在同一工序上的加工时间。这一工序时间应是NC程序的运行时间及装卸工件时间之和。当然,一般在加工某一零件时,都对NC程序进行过试运行,对零件进行过预加工和调整,因此,在一个制造自动化系统建成后对作业计划进行仿真时,加工时间可以相当准确,从而也使加工计划仿真的结果具有更大的准确度。

思考与练习

(1) 是不是自动化制造系统的功能越全,其自动化程度就越高?

(2) 柔性加工设备是否一定比刚性设备好?为什么?

(3) CNC机床在现代制造技术中的地位和作用如何?

(4) DNC系统与FMS系统两者有何不同之处,其根本区别是什么?

(5) 加工中心与CNC机床的最根本的区别是什么?在编程上有无区别?

(6) 普通加工中心为什么不能满足FMS的要求?应该如何对其改造?

(7) 柔性制造系统中的物流系统主要包括哪几个方面?

(8) 柔性制造系统中刀具流由哪些部分组成?如何自动识别刀具?

(9) 柔性制造系统中信息流数据有哪几种形式?他们之间的关系怎么样?

(10) 试分析FMS中管理与控制系统的结构。

(11) FMS建模和仿真为什么会成为FMS的基本研究课题?

参考文献

[1] 胡泓,姚伯威.机电一体化原理及应用[M].北京:国防工业出版社,1999.
[2] 姜培刚,盖玉先.机电一体化系统设计[M].北京:机械工业出版社,2011.
[3] 王孙安,杜海峰,任华.机械电子工程[M].北京:科学出版社,2003.
[4] 徐杜,蒋永平,张宪民.柔性制造系统原理与实践[M].北京:机械工业出版社,2001.
[5] 吴启迪,严隽薇,张浩.柔性制造自动化的原理与实践[M].北京:清华大学出版社,1997.
[6] 刘飞,杨丹,王时龙.CIMS制造自动化[M].北京:机械工业出版社,1997.
[7] 张根保.自动化制造系统[M].北京:机械工业出版社,2011.
[8] 王少伟,龚伟,宋学亮.柔性制造技术在企业中的应用[J].电子工艺技术.2001,22(3):132-134.
[9] 牛海军,徐家辉.柔性制造系统调度算法研究[J].西安电子科技大学学报(自然科学版),2002(1):35-38.

第5章

柔性制造系统的模块

5.1 机械传动模块

5.1.1 带传动结构

1）带传动机构认识

在自动化生产线机械传动系统中，常利用带传动方式实现机械部件之间的运动和动力的传递。带传动机构主要依靠带与带轮之间的摩擦或啮合进行工作。带传动可分为摩擦型带传动和啮合型带传动，带传动结构如图 5-1 所示。

(a) 摩擦型　　(b) 啮合型

图 5-1　带传动结构图

带传动机构的两大传动类型及其异同点见表 5-1。由于啮合型传动在传动过程中传递功率大，传动精度高，所以在自动化生产线中使用得较为广泛。

表 5-1　带传动机构的两大传动类型及其异同点

类型	共同点	不同点
摩擦型	1. 具有很好的弹性，能缓冲吸振，传动平稳，无噪声 2. 过载时传动带会在带轮上打滑，可防止其他部件受损坏，起过载保护作用 3. 结构简单，维护方便，无需润滑，且制造和安装精装度要求不高 4. 可实现较大中心距之间的传动功能	摩擦型带传动一般适用于中小功率，无需保证准确传动比和传动平稳的远距离场合
啮合型		啮合型带传动具有传递功率大、传动比准确等优点，多用于要求传动平稳、传动精度较高的场合

2）带传动机构的应用

带传动机构（特别是啮合型同步带传动机构）目前被大量应用在各种自动化装配专机、自动化装配生产线、机械手及工业机器人等自动化生产机械中，同时还广泛应用在包装机械、仪器仪表、办公设备及汽车等行业。在这些设备和产品中，同步带传动机构主要用于传递电机转矩或提供牵引力，使其他机构在一定范围内往复运动(直线运动或摆动运动)。

5.1.2 滚珠丝杠机构

1) 滚珠丝杠结构认识

将滚珠丝杠机构沿纵向剖开可以看到，它主要有丝杠、螺母、滚珠、滚珠回流管、压板和防尘片等部分组成，如图5-2所示。丝杠属于直线度非常高的转动部件，在滚珠循环滚动的方式下运行，实现螺母及其连接在一起的负载滑块(如工作台、移动滑块)在导向部件作用下的直线运动。工业中几种典型应用滚珠丝杠机构的外形如图5-3所示。滚珠丝杠机构虽然价格较贵，但由于其具有高刚度、高精度、运动可逆、能高速进给和微量进给、驱动扭矩小、传动效率高和使用寿命长等一系列突出优点，能够在自动化机械的各种场合实现所需要的精密传动，所以仍然在工程上得到了极广泛的应用。

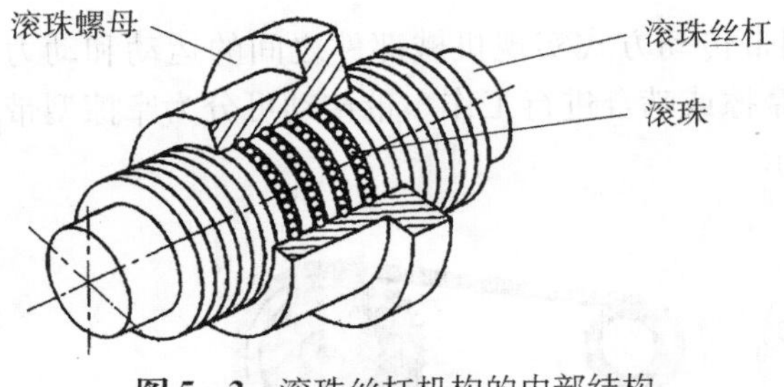

图5-2 滚珠丝杠机构的内部结构

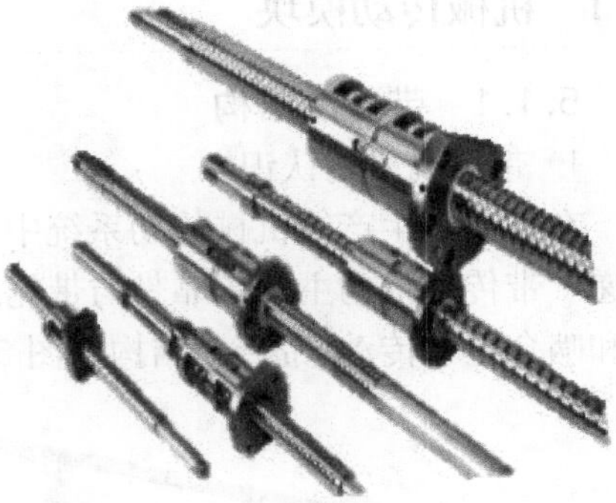

图5-3 工业中几种典型应用的滚珠丝杠机构的外形

2) 滚珠丝杠机构的应用

滚珠丝杠机构作为一种高精度的传动部件，被大量应用于数控机床、自动化加工中心、电子精密机械进给结构、伺服机械手、工业装配机器人、半导体生产设备、食品加工和包装及医疗设备等领域。

图5-4所示为滚珠丝杠机构在数控雕刻机中应用的实物图。图5-5所示为滚珠丝杠机构应用于各种精密进给机构的X-Y工作台，其中步进电动机为驱动部件，直线导轨为导向部件，滚珠丝杠机构为运动转换部件。

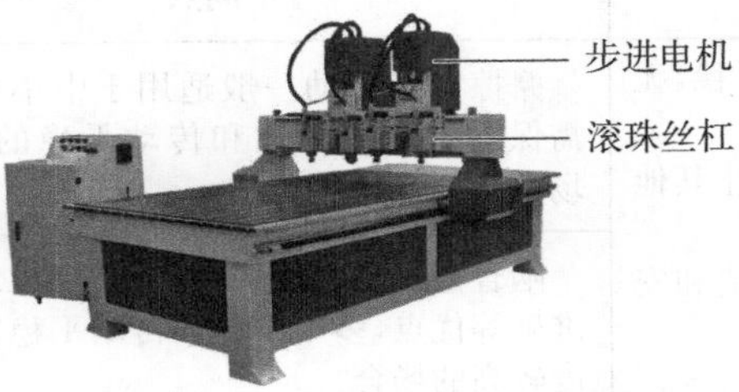

图5-4 滚珠丝杠机构在数控雕刻机中应用的实物图

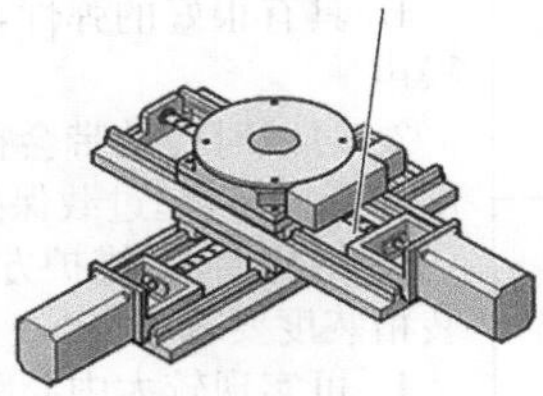

图5-5 滚珠丝杠机构应用于各种精密进给机构的X-Y工作台

5.1.3 直线导轨机构

1) 直线导轨机构认知

直线导轨机构通常也被称为“直线导轨”“直线滚动导轨”和“线性滑轨”等，它实际是由能相对运动的导轨(或轨道)与滑块两大部分组成的,其中滑块由滚珠、端盖板、保持板和密封垫片组成。直线导轨机构的内部结构如图 5-6 所示。几种典型直线导轨机构的外形如图 5-7 所示。

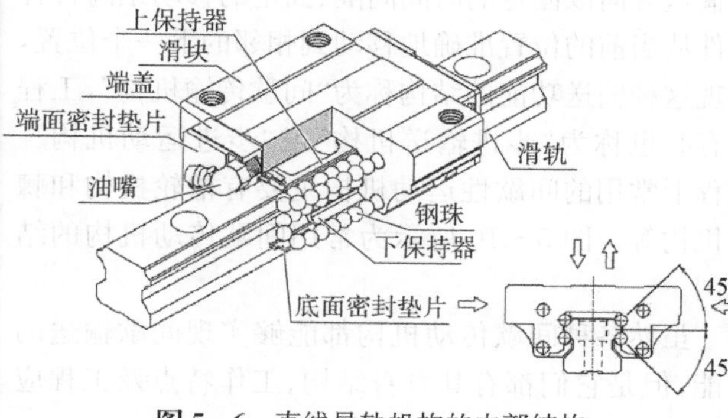

图 5-6　直线导轨机构的内部结构

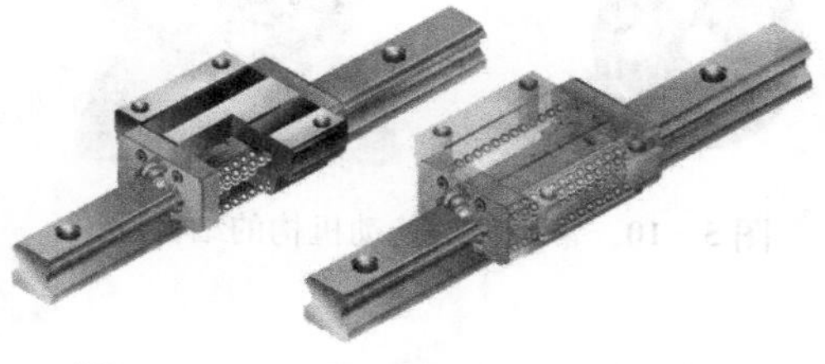
图 5-7　几种典型直线导轨机构的外形

直线导轨机构由于采用了类似于滚珠丝杠的精密滚珠结构,直线导轨结构的工作特点与应用领域见表 5-2。使用直线导轨机构除了可以获得高精度的直线运动以外,还可以直接支撑负载工作,降低了自动化机械的复杂程度,简化了设计与制造过程,从而大幅度降低了设计与制造成本。

表 5-2　直线导轨结构的工作特点与应用领域

类别	工作特点	应用领域
直线导轨	运动阻力非常小,运动精度高,定位精度高,多个方向同时具有高刚度,允许负荷大,能长期维持高精度,可高速运动、维持保养简单、能耗低、价格低廉	广泛应用于数控机床、自动化生产线、机械手和三坐标测量仪器等需要较高直线导向精度的各种装备制造行业

2) 直线导轨机构的应用

由于在机械设备上大量采用直线运动机构作为进给、移送装置,所以为了保证机器的工作精度,必须保证这些直线运动机构具有较高精度的运动。直线导轨机构作为自动化机械最基本的结构模块广泛应用于数控机床、自动化装配设备、自动化生产线、机械手和三坐标测量仪器等装备制造行业。

图 5-8 所示为直线导轨机构在双柱车床中的应用。图 5-9 所示为直线导轨机构在卧式双头焊接机床中的应用。

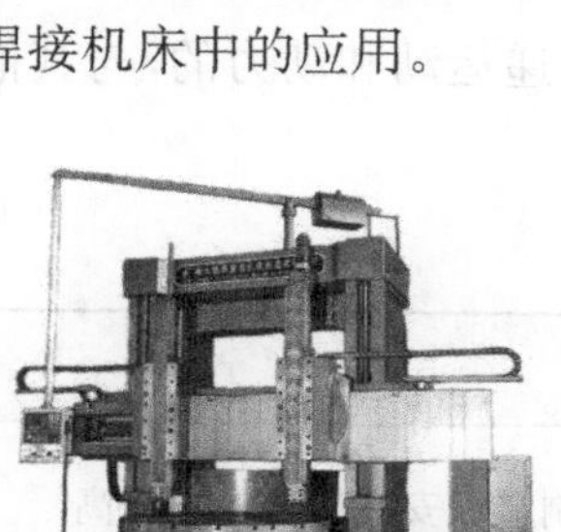
图 5-8　直线导轨机构在双柱车床中的应用

图 5-9　直线导轨机构在卧式双头焊接机床中的应用

5.1.4 间歇传动机构

1) 机械间歇传动机构认知

图 5-10 常用间歇传动机构的结构图

在自动化生产线中，根据工艺的要求，经常需要沿输送方向以固定的时间间隔、固定的移动距离将各工件从当前的位置准确地移动到相邻的下一个位置，实现这种输送功能的结构称为“间歇传输机构”，工程上有时也称为“步进输送机构”或“步进运动机构”。工程上常用的间歇性运动机构主要有槽轮机构和棘轮机构等。图 5-10 所示为常用间歇传动机构的结构图。

虽然各种间歇传动机构都能够实现间歇输送的功能，但是它们都有其自身结构、工作特点及工程应用领域。

2) 间歇传动机构的应用

间歇传动机构具有结构简单紧凑和工作效率高两大优点。采用间歇传动机构能够有效简化自动化生产线的结构，方便地实现工序集成化，形成高效率的自动化生产系统，提高自动化专机或生产线的生产效率，因而在自动化机械设备，特别是电子产品生产、轻工机械等领域得到广泛的应用。

5.1.5 齿轮传动机构

1) 齿轮传动机构认识

齿轮传动机构是应用最广泛的一种机械传动机构。常用的传动机构有圆柱齿轮传动机构、圆锥齿轮传动机构和蜗杆传动机构等。图 5-11 所示为各种齿轮传动机构的外形图。

图 5-11 各种齿轮传动机构的外形图

齿轮传动是依靠主动齿轮和从动齿轮齿廓之间的啮合来传递运动和动力的，与其他传动相比，齿轮传动机构的特点见表 5-3。

表 5-3 齿轮传动机构的特点

类　别	优　点	缺　点
齿轮传动	1. 瞬时传动比恒定 2. 适用的圆周速度和传动功率范围较大 3. 传动效率较高，寿命较长 4. 可实现平行、相交、交错轴间传动 5. 蜗杆传动的传动比大，具有自锁能力	1. 制造和安装精度要求较高 2. 生产使用成本高 3. 不适用与距离较远的传动 4. 蜗杆传动效率低，磨损较大

2）齿轮传动机构的应用

齿轮传动机构是现代机械中应用最为广泛的一种传动机构，比较典型的应用是在各级变速器、汽车的变速箱等机械传动变速装置中。图 5 - 12 所示为齿轮传动机构在减速器和汽车变速箱中的应用。

(a) 减速器

(b) 汽车变速箱

图 5 - 12 齿轮传动机构在减速器和汽车变速箱中的应用

5.2 气动控制模块

5.2.1 气动控制系统认知

图 5 - 13 所示为一个简单的气动控制系统构成图。该控制系统有静音气泵、气动二联件、气缸、电磁阀、检测元件和控制器等组成，能实现气缸的伸缩运动的控制。气动控制系统是以压缩空气为工作介质，在控制元件的控制和辅助元件的配合下，通过执行元件把空气压缩能转化为机械能，从而完成气缸直线或回转运动，并对外做功。

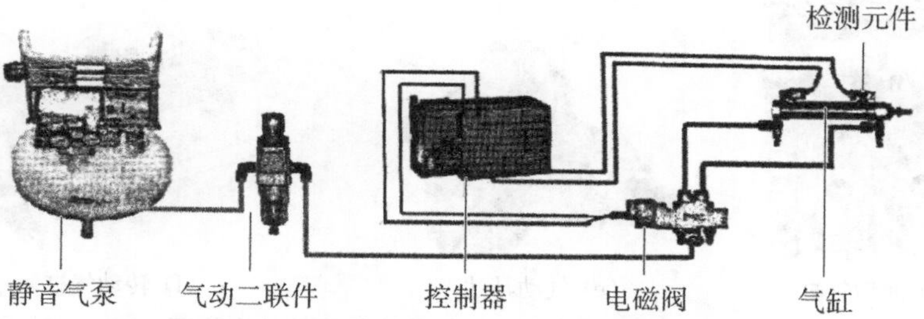

图 5 - 13 一个简单的气动控制系统构成图

一个完整的气动控制系统基本由气压发生器（气源装置）、执行元件、控制元件、辅助元件、检测装置及控制器等六部分组成。

静音气泵为压缩空气发生装置，其中包括空气压缩机、安全阀、过载安全保护器、储气罐、罐体压力指示表、一次压力调节指示表、过滤减压阀及气源开关等部件，静音气泵如图 5 - 14 所示。气泵是用来产生具有足够压力和流量的压缩空气并将其净化、处理及存储的一套装置，气泵的输出压力可通过其上的过滤减压阀进行调节。

5.2.2 气动执行元件

在气动控制系统中，气动执行元件是一种将空气的压缩能转化为机械能，实现直线摆动或者回转运动的传动装置。气动控制系统中常用的执行元件是气缸和气动马达。气缸用于实现直线往复运动，气动马达则用于实现连续回转运动。图 5 - 15 所示为几种常见的气动执行元件的实物图。

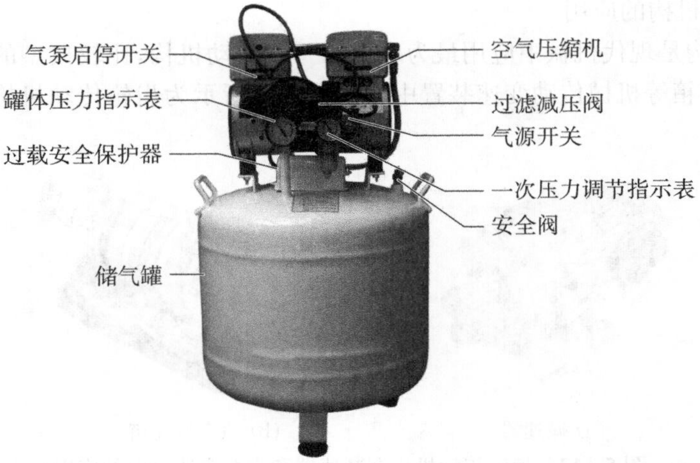

图 5-14　静音气泵

图 5-15　几种常见的气动执行元件的实物图

气动执行元件作为气动控制元件中重要的组成部分，被广泛应用在各种自动化机械及生产装备中。为了满足各种应用场合的需要，实际设备中使用的气动执行元件不仅种类繁多，而且各元件的结构特点与应用场合也都不尽相同。

5.2.3　气动控制元件

在气动控制系统中，气动控制元件用于控制和调节压缩空气的压力、流量和流动方向，以保证执行元件具有一定的输出力和速度，并可按设计的程序正常工作。气动控制元件主要有气动压力控制阀、方向控制阀和流量控制阀。

1) 气动压力控制阀

气动压力控制阀用来控制气动控制系统中压缩空气的压力，可将压力减到每台装置所需的压力，并使压力稳定在所需的压力值上，以满足各种压力需求或节能的要求，气动压力控制阀主要有安全阀、顺序阀和减压阀等几种。图 5-16 所示为常用气动压力控制阀的实物图。

(a) 安全阀　　(b) 顺序阀　　(c) 减压阀　　(d) 气动三联件

图 5-16　常用气动压力控制阀的实物图

(a) 调速阀　　(b) 单向节流阀　　(c) 排气节流阀

图 5-17　常用气动流量控制阀的实物图

2）气动流量控制阀

流量控制阀在气动控制系统中通过改变阀的流通截面积来实现对流量的控制，以达到控制气缸运动速度或者控制换向阀的切换时间和气动信号的传递速度。流量控制阀包括调速阀、单向节流阀和带消声器的排气节流阀等几种。图 5-17 所示为常用气动流量控制阀的实物图。

尤其是单向节流阀上带有气管的快速接头，只要将适合的气管往快速接头上一插就可以接好，使用非常方便，因而在气动控制系统中得到广泛的应用。

3）方向控制阀

方向控制阀是气动控制系统中通过改变压缩空气的流动方向和气流通断来控制执行元件启动、停止及运动方向的气动元件。通常使用比较多的是电磁控制换向阀（简称“电磁阀”）。电磁阀是气动控制中最主要的元件，它利用电磁线圈通电时静铁心对动铁心产生的电磁吸引力使阀切换以改变气流方向。根据阀芯复位的控制方式，又可以将电磁阀分为单电控和双电控两种。图 5-18 所示为电磁控制换向阀的实物图。

(a) 单电控　　(b) 双电控

图 5-18　电磁控制换向阀的实物图

电磁控制换向阀容易实现电-气联合控制，能实现远距离操作，在气动控制系统中广泛使用。在使用双电控电磁阀时应特别注意的是，两侧的电磁线圈不能同时得电，否则将会使电磁阀线圈烧坏。为此，在电气控制回路上，通常设有防止同时得电的联锁回路。

电磁阀按阀切换通道数目的不同可以分为二通阀、三通阀、四通阀和五通阀；同时，按阀芯的切换工作位置数目的不同又可以分为二位阀和三位阀。例如，有两个通口的二位阀称为“二位二通阀”；有三个通口的二位阀称为“二位三通阀”。常用的还有二位五通阀，用在推动双作用气缸的回路中。图 5 - 19 所示为部分电磁换向阀的图形符号。

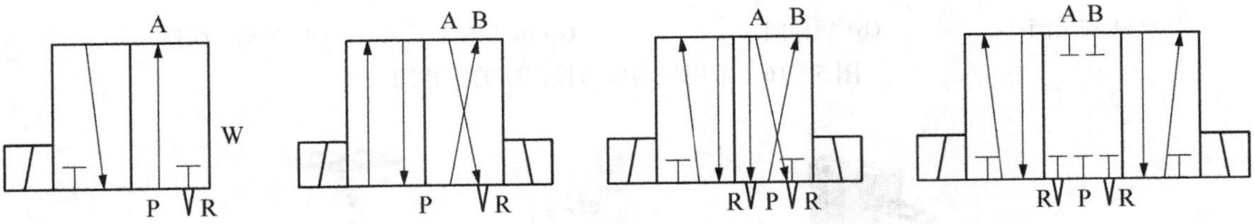

(a) 二位三通阀　(b) 二位四通阀　(c) 二位五通阀　(d) 三位五通阀

图 5 - 19　部分电磁换向阀的图形符号

所谓“位”，指的是为了改变气体方向，阀芯相对于阀体所具有的不同的工作位置。“通”的含义则指换向阀与系统相连的通口，有几个通口即为几通。

在工程实际应用中，为了简化控制阀的控制线路和气路的连接，优化控制系统的结构，通常将多个电磁阀及相应的气控和电控信号接口、消声器和汇流板等集中在一起组成控制阀的集合体使用，将此集合体称为“控制阀岛”。图 5 - 20 所示为气动控制系统中常用的电磁阀岛实物图。为了方便气动控制的调试，各电磁阀均带有手动换向和加锁功能的手动旋钮。

图 5 - 20　气动控制系统中常用的电磁阀岛实物图

5.3　传感器检测模块

传感检测技术是实现自动化的关键技术之一。传感检测技术能有效地实现各种自动化生产设备运行信息的自动检测，并按照一定的规律将其转化成与之相对应的电信号进行输出。自动化设备中用于实现传感器检测功能的装置称为“传感器”。传感器种类繁多，按从传感器输出电信号的类型不同，可将其划分为开关量传感器、数字量传感器和模拟量传感器。

5.3.1　开关量传感器

开关量传感器又称为“接近开关”，是一种采用非接触式检测，输出开关量的传感器。在自动化设备中，应用较为广泛的主要有磁感应式接近开关、电容式接近开关、电感式接近开关和光电式接近开关等。

1）磁感应式接近开关

磁感应式接近开关简称“磁性接近开关”或“磁性开关”，其工作方式是当有磁性物质接近磁性开关传感器时，传感器感应动作，并输出开关信号。

在自动化设备中，磁性开关主要与内部活塞（或活来杆）上安装有磁环的各种气缸配合使用，用于检测气缸等执行元件的两个极性位置。为了方便使用，每一磁性开关上都装有动作指示灯。当检测到磁信号时，输出电信号，指示灯亮。同时，磁性开关内部都具有过电压保护电路，即使磁性开关的引线极性接反，也不会使其烧坏，只是不能正常检测工作。

2）电容式接近开关

电容式接近开关利用自身的测量头构成电容器的一个极板，被检测物体构成另一个极板，当物体靠近开关时，物体与接近开关的极距或者介电常数发生变化，引起静电容量发生变化，使得和测量头连接的电路状态也发生相应的变化，并输出开关信号。

电容式接近开关不仅能检测金属零件，而且能检测纸张、橡胶、塑料和木块等非金属物体，还可以检测绝缘的液体，电容式接近开关一般应用在尘埃多、易接触到有机溶剂及需要较高的性价比场合中。由于检测内容的多样性，所以得到更广泛的应用。

3）电感式接近开关

电感式接近开关是利用涡流效应制成的开关输出位置为传感器。它由LC高频振荡器和放大处理器电路组成，利用金属物体在接近时能使其内部产生电涡流，使其接近开关振荡能力衰减、内部电路的参数变化发生改变，进而控制开关的通断。由于电感式接近开关基于涡流效应工作，所以它的检测对象必须是金属。电感式接近开关对金属与非金属的筛选性能好，工作稳定可靠，抗干扰能力强，在现代工业检测中也得到广泛应用。

4）光电式接近开关

光电式接近开关是利用光电效应制成的开关量传感器，主要由光发射器和接收器组成的。光发射器和接收器有一体式和分体式两种。光发生器用于发射红外光或可见光；光接收器用于接收发射器发射的光，并将光信号转化为电信号以开关量形式输出。

按照接收器接收光的方式不同，光电式接近开关可以分为对射式、反射式和漫反射式三种。这三种形式的光电接近开关的检测原理和方式都有所不同。它们的检测原理分别如图5-21～图5-23所示。

（1）对射式光电接近开关的光发射器与光接收器分别处于相对的位置上。根据光路信号的有无判断信号是否进行输出改变，此开关最常用于检测不透明物体。对射式光电接近开关的光发射器和光接收器有一体式和分体式两种。

（2）反射式光电接近开关的光发射器与光接收器为一体化的结构，在其相对的位置上安置一个反射镜，光发射器发出的光被反射镜反射，根据是否有反射光线被光接收器接收来判断有无物体。

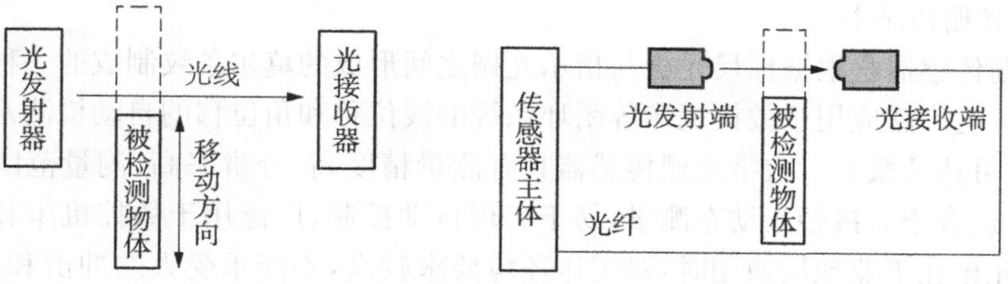

图5-21 对射式光电接近开关的检测原理

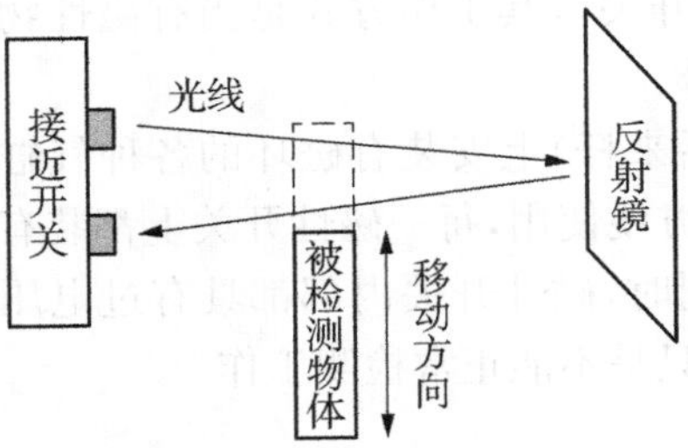

图 5 - 22　反射式光电接近开关的检测原理

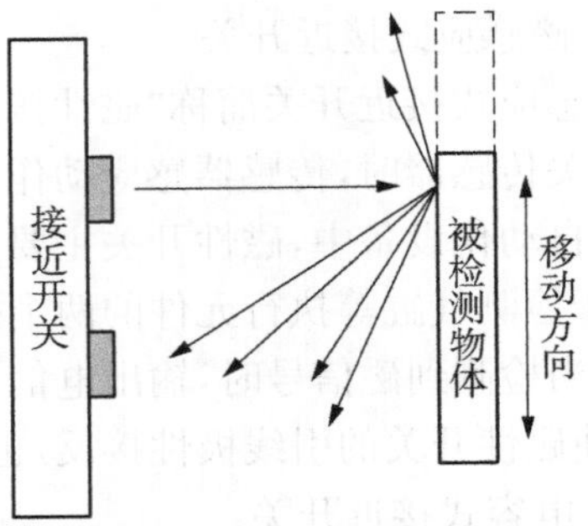

图 5 - 23　漫反射式光电接近开关的检测原理

(3) 漫反射式光电接近开关的光发射器与光接收器集于一体，利用光照射到被测物体上反射回来的光线而进行工作。漫反射式光电接近开关的可调性很好，其敏感度可通过其背后的旋钮进行调节。

光电接近开关在安装时，不能安装在水、油和灰尘多的地方，应回避强光及室外太阳光等直射的地方，注意消除背景物的影响。光电接近开关主要用于自动包装机、自动灌装机和自动或半自动装配流水线等自动化机械装置上。

5.3.2　数字量传感器

数字量传感器是一种能把被测模拟量直接转换为数字量输出的装置，可直接与计算机系统连接。数字量传感器具有测量精度和分辨率高、抗干扰能力强、稳定性好、易于与计算机接口、便于信号处理和实现自动化测量、适宜远距离传输等优点，在一些精度要求较高的场合应用极为普遍。工业装备上常用的数字量传感器主要有数字编码器(在实际工程中应用最多的是光电编码器)、数字光栅和感应同步器等。

1) 光电编码器

光电编码器通过读取光电编码盘上的图案或编码信息来表示与光电编码器相连的测量装置的位置信息，根据光电编码器的工作原理，可以将其分为绝对式光电编码器和增量式光电编码器两种，绝对式光电编码器通过读取编码盘上的二进制编码信息来表示绝对位置信息，二进制位数越多，测量精度越高，输出信号线对应越多，结构越复杂，价格越高。增量式光电编码器直接利用光电转换原理给出三组方波脉冲信号 A、B 和 Z 相，A、B 两组脉冲相位差 90°，从而更方便地判断出旋转方向，而 Z 相为每转一个脉冲，用于基准点定位；其测量精度取决于码盘的刻线数，但结构相对绝对式光电编码器简单，价格便宜。

光电编码器是一种角度(角速度)检测装置，它将输入的角度量，利用转换成相应的电脉冲或数学量，具有体积小、精度高、工作可靠和接口数字化等优点，被广泛应用于数控机床、回转台、伺服传动、机器人、雷达和军事目标测定等需要检测角度的装置和设备中。

2) 数字光栅传感器

数字光栅传感器是根据标尺光栅与指示光栅之间形成的莫尔条纹制成的一种脉冲输出数学式传感器。它广泛应用于数控机床等闭环系统的线位移和角位移的自动检测及精密测量方面，测量精度可达几微米。数字光栅传感器具有测量精度高、分辨率高、测量范围大和动态特性好等优点，适合于非接触式动态测量，易于实现自动控制，广泛用于数控机床和精密测量设备中。但是光栅在工业现场使用时，对工作环境要求较高，不能承受大的冲击和振动，要求密封，以防止尘埃、油污和铁屑等的污染，成本较高。

3）感应同步器

感应同步器是应用定尺与滑尺之间的电磁感应原理来测量直线位移和角位移的一种精密传感器。感应同步器是一种多极感应元件，可对误差起补偿作用，所以具有很高的精度。

感应同步器具有对环境温度、湿度变化要求低，测量精度高，抗干扰能力强，使用寿命长和便于成批生产等优点，在各领域的应用十分广泛。直线式感应同步器已经广泛应用于大精密坐标镗床、坐标铣床及其他数控机床的定位、数控和数显；圆盘式感应同步器常用于雷达天线定位跟踪、导弹制造、精密机床或测量仪器设备的分度装置等领域。

5.3.3　模拟量传感器

模拟量传感器是将被测量的非电学量转化为模拟量电信号的传感器，它可检测在一定范围内变化的连续数值，发出的是连续信号，用电压、电流和电阻等表示被测参数的大小。在工程应用中模拟量传感器主要用于生产系统中位移、温度、压力、流量及液位等常见模拟量的检测。

在工业生产实践中，为了保证模拟信号检测的精度，提高抗干扰能力，便于与后续处理器进行自动化系统集成，所使用的各种模拟量传感器一般都配有专门的信号转换与处理电路，两者组合在一起使用，把检测到的模拟量变换成标准的电信号输出，这种检测装置称为“变送器”。

变送器所输出的标准信号有标准电压或标准电流。电压型变送器的输出电压为－5～5 V、0～5 V、0～10 V等，电流型变送器的输出电流为0～20 mA及4～20 mA等。由于电流信号抗干扰能力强，便于运距离传输，所以各种电流型变送器得到了广泛应用。变送器的种类很多，用在工业自动化系统上的变送器主要有温/湿度变送器、压力变送器、液位变送器、电流变送器和电压变送器等。

5.4　电机驱动模块

5.4.1　步进电动机

步进电动机又称为“脉冲电动机”，是数字控制系统中的一种执行元件。其功能是将脉冲电信号变换为相应的角位移或直线位移，即给一个脉冲电信号，电动机就转动一个角度或前进一步，步进电动机的控制原理如图5-24所示。

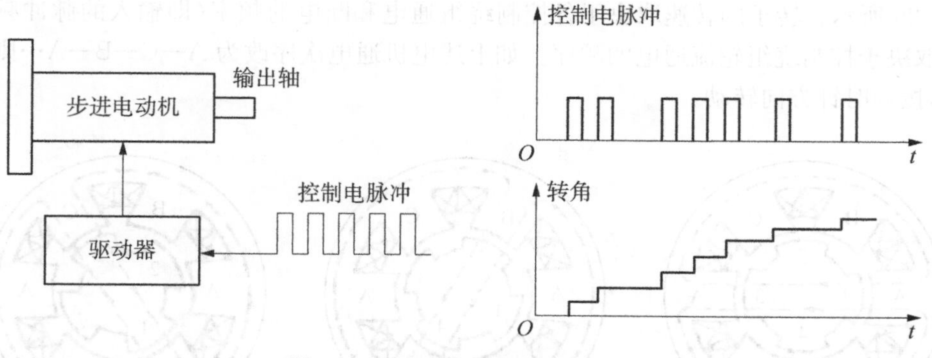

图5-24　步进电动机的控制原理

步进电动机的角位移量或线位移量 s 与脉冲数 k 成正比，它的转速 n 或线速度 v 与脉冲频率 f 成正比。在负载能力范围内这些关系不因电源电压、负载大小和环境条件的波动而变化，因而可在开环系统中用作执行元件，使控制系统大为简化。加上步进电动机只有周期性的误差而无累积误差等特点，使得在速度及位置等控制领域采用步进电动机来进行控制变得非常简单。步进电动机还可以在很宽的范围内通过改变脉冲频率来调速，能够快速启动、反转和制动。它不需要变换，能直接将数字脉冲信号转换为角位移，很适合采用 PLC 控制。

5.4.2 反应式步进电动机的工作原理

按照磁方式分类，步进电动机可分为反应式、永磁式和感应子式。其中反应式步进电动机用得比较普遍，结构也较简单，所以这里着重分析这类电机。

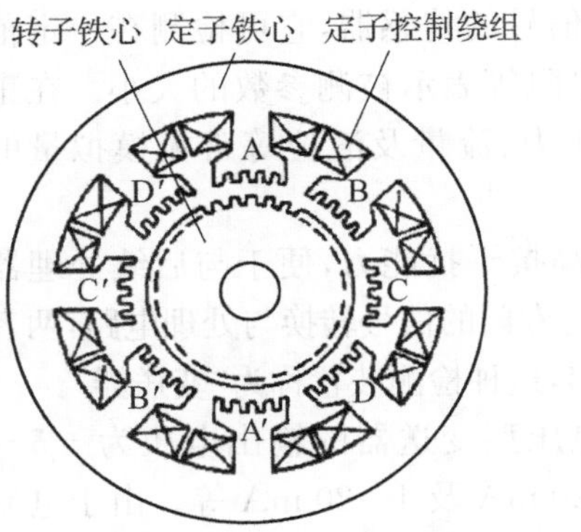

图 5-25 四相反应式步进电动机结构

反应式步进电动机又称为“磁阻式步进电动机”，四相反应式步进电动机结构如图 5-25 所示。这是一台四相电动机，定子铁心由硅钢片叠成，定子上有 8 个磁极（大齿），每个磁极上又有许多小齿。四相反应式步进电动机共有 4 套定子控制绕组，绕在径向相对的两个磁极上的一套绕组为一相。转子也是由叠片铁心构成，沿圆周由很多小齿，轮子上没有绕组。根据工作要求，定子磁极上小齿的齿距和转子上小齿的齿距必须相等，而且转子的齿数有一定的限制。图中转子齿数为 50 个，定子每个磁极上的小齿数为 5 个。

1）三相反应式步进电动机工作原理

为了便于说明问题，以一个最简单的三相反应式步进电动机为例说明其工作原理。

图 5-26 是一台三相反应式步进电动机，定子有 6 个极，不带小齿，每两个相对的极上绕有一组控制绕组，转子只有 4 个齿，齿宽等于定子的极靴宽。

当 A 相控制绕组通电，而 B 相和 C 相都不通电时，由于磁通总是沿磁阻最小的路径闭合，所以转子齿 1 和 3 的轴线与定子 A 极轴线对齐，同理，当断开 A 相且接通 B 相时，转子便按逆时针方向转过 30°，使转子齿 2 和 4 的轴线与定子 B 极轴线对齐。若断开 B 相且接通 C 相，则转子再转过 30°，使转子齿 1 和 3 轴线与定子 C 极轴线对齐，如此按 A—B—C—A…的顺序不断接通和断开控制绕组，转子就会一步一步地按逆时针方向连续转动，三相反应式步进电动机如图 5-26 所示。转子的转速取决于各控制绕组通电和断电的频率（即输入的脉冲频率），旋转方向取决于控制绕组轮流通电的顺序。如上述电机通电次序改为 A—C—B—A…则电机转向相反，按顺时针方向转动。

(a) A 相接通　(b) B 相接通　(c) C 相接通

图 5-26 三相反应式步进电动机

这种按A—B—C—A…运行的方式称为“三相单三拍运行”。“三相”是指此步进电动机具有三相定子绕组:“单”是指每次只有一相绕组通电;“三拍”是指三次换接为一个循环,第四次换接重复第一次的情况。

除了这种运行方式外,三相步进电动机还可以三相六拍和三相双三拍的方式运行,三相六拍运行的供电方式是A—AB—B—BC—C—CA—A…这时,每一循环换接6次,总共有6种通电状态,这6种通电状态中有时只有一相绕组通电(如A相),有时有两相绕组同时通电(如A相和B相),三相六拍运行如图5-27所示。按这种方式对控制绕组供电时转子位置和磁通分布的图形。

开始运行时先单独接通A相,这时与单三拍的情况相同,转子齿1和3的轴线与定子A极轴线对齐,如图5-27a所示。当A相和B相同时接通时,转子的位置应兼顾到使A、B磁极与转子齿相作用的磁拉力大小相等且方向相反,使转子处于平衡。按照这个原则,当A相通电后转到A、B两相同时通电时,转子只能按照逆时针方向旋转15°,如图5-27b所示。这时转子齿既不与A极轴线重合,又不与B极轴线重合,但A极与B极相对转子齿所产生的磁拉力却相互平衡。当断开A相使B相单独接通时,在磁拉力的作用下转子继续按逆时针方向转动,直到转子齿2和4的轴线与定子B极轴线对齐为止,如图5-27c所示。这时转子又转过15°。以此类推,如果下面继续按照BC—C—CA—A…的顺序使绕组换接,那么步进电动机就不断地按逆时针方向旋转,当接通顺序改为A—AC—C—CB—B—BA—A…时,步进电动机以反方向即顺时针方向旋转。

在实际使用中,还经常采用三相双三拍的运行方式,也就是按AB—BC—CA—AB…方式供电。这时,与单三拍运行时一样,每一循环也是换接3次,总共有3种通电状态,但不同的是每次换接都同时有两相绕组通电。双三拍运行时,每一通电状态的转子位置和磁通路径与三相六拍相应的两相绕组同时接通时相同,如图5-27b和图5-27d所示。可以看出,这时转子每步转过的角度与单三拍时相同,也是30°。

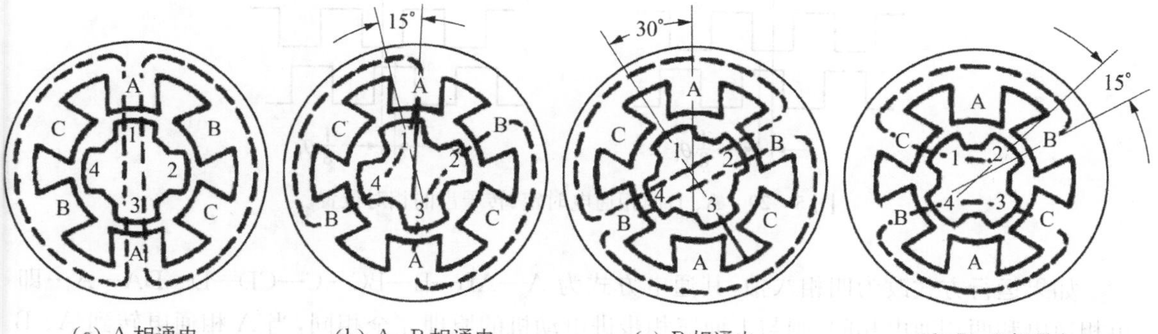

(a) A相通电　(b) A、B相通电　(c) B相通电　(d) B、C相通电

图5-27　三相六拍运行

综上所述,三相六拍运行时转子每步转过的角度比三相三拍(不论是单三拍还是双三拍)运行时要小一半,因此一台步进电动机采用不同的供电方式,步距角(每一步转子转过的角度)可有两种不同数值,如上面这台三相步进电动机三拍运行时的步距角为30°,六拍运行时则为15°。

2) 四相反应式步进电动机工作原理

以上讨论的是一台最简单的三相反应式步进电动机的工作原理。这种步进电动机每走一步所转过的角度即步距角是比较大的(15°或 30°),它常常满足不了系统精度的要求,所以现在大多采用如图 5-28 所示的转子齿数很多且定子磁极上带有小齿的反应式结构,其步距角可以做得很小。下面进一步说明这种电机的工作原理。

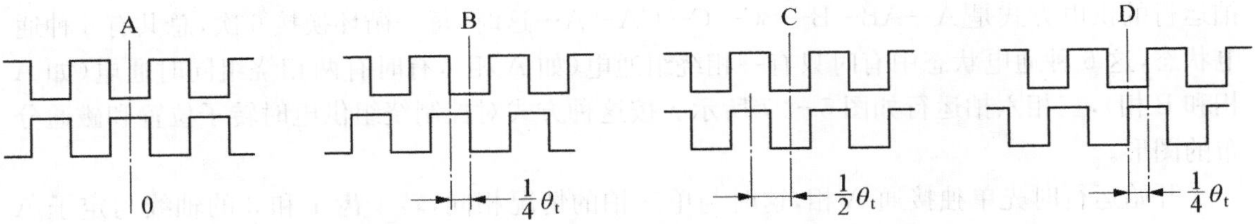

图 5-28 A 相通电时定、转子齿的相对位置

设四相反应式步进电动机为四相单四拍运行,即通电方式为 A—B—C—D—A… 当图 5-29 中的 A 相控制绕组通电时,产生了沿 A—A′极轴线方向的磁通,由于磁通总是沿磁阻最小的路径闭合,因而使转子受到反应转矩的作用而转动,直到转子齿轴线和定子磁极 A 和 A′上的齿轴线对齐为止。因为转子共有 50 个齿,每个步距角,$\Phi=7.2°$,定子一个极距所占的齿数不是整数,因此当 A、A′极下的定、转子齿轴线对齐时,相邻两对磁极 B、B′和 D、D′极下的齿和转子齿必然错开 1/4 步距角,即 1.8°。这时,各相磁极的定子齿与转子齿相对位置如图 5-28 所示。如果断开 A 相而接通 B 相,这时磁通沿 B、B′极轴线方向,同样在反应转矩的作用下,转子按顺时针方向应转过 1.8°,使转子齿轴线和定子磁极 B 和 B 下齿轴线对齐。这时,A、A′和 C、C′极下的齿和转子齿又错开 1.8°。依此类推,控制绕组按 A—B—C—D—A… 顺序循环通电时,转子将按顺时针方向一步一步地连续转动起来。每换接一次绕组,转子转过 1/4 步矩角。显然,如果要使步进电动机反转,那么只要改变通电顺序,按 A—D—C—B—A… 即可。

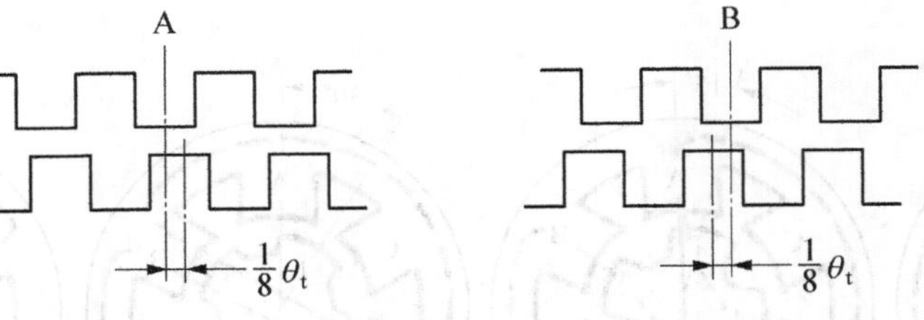

图 5-29 A、B 两相通电时定、转子齿的相对位置

如果运行方式改为四相八拍,其通电方式为 A—AB—B—BC—C—CD—D—DA—A… 即单相通电和两相通电相间,则与上面三相步进电动机的原理完全相同,当 A 相通电转到 A、B 两相同时通电时,定、转子齿的相对位置由图 5-28 所示的位置变为图 5-29 所示的位置(图中只画出 A、B 两个极下的齿),转子按顺时针方向只转过 1/8 齿矩角,即 0.9°,A 极和 B 极下的齿轴线与转子齿轴线均错开 1/8 步距角。转子受到两个极的作用力矩大小相等,但方向相反,故仍处于平衡。当 B 相一相通电时,转子齿轴线与 B 极下的齿轴线相重合,转子按顺时针方向又转过 1/8 步距角。这样继续下去,每换接一次绕组,转子转过 1/8 步距角。可见四相八拍运行时的步距角比四相四拍运行时也小一半。

当步进电动机运行方式为四相双四拍,即按 AB—BC—CD—DA—AB… 方式通电时,步距角与四相单四拍运行时一样，为 1/4 步距角，即 1.8°。

3）结论

由此可见：电机的位置和速度与导电次数（脉冲数）和频率成一一对应关系，而方向由导电顺序决定。

不过，出于对力矩、平稳性、噪声及减少角度等方面的考虑，三相反应式步进电动机往往采用 A—AB—B—BC—C—CA—A 导电状态，这样可将原来每步 1/3 步距角改变为 1/6 步距角，甚至于通过二相电流不同的组合，使其 1/3 步距角变为 1/12 步距角、1/24 步距角，这就是电机细分驱动的基本理论依据。

不难推出：电机定子上有 m 相励磁绕阻，其轴线分别与转子齿轴线偏移 $1/m$、$2/m$、…$(m-1)/m$、1，并且按一定的相序导电就能控制电机的正反转，这是步进电动机旋转的物理条件。只要符合这一条件，我们从理论上可以制造任何相的步进电动机，但出于成本等多方面的考虑，市场上一般以二、三、四、五相较为多见。

5.4.3　步进电机的静态指标术语

（1）相数：产生 N、S 磁场的激磁线圈对数，常用 m 表示。

（2）拍数：完成一个磁场周期性变化所需的脉冲数或导电状态，或电机转过一个步距角所需的脉冲数，用 n 表示。以四相电机为例，有四相四拍运行方式，即 AB—BC—CD—DA—AB，四相八拍运行方式 A—AB—B—BC—C—CD—D—DA—A。

（3）步距角：对应一个脉冲信号，电转子转过的角位移，用 θ 表示，$\theta = 360°/$（转子齿数 $J \times$ 运行拍数）。以常规二、四相且转齿为 50 齿的电机为例，四拍运行时的步距角为 $\theta = 360°/(50 \times 4) = 1.8°$（俗称“整步”），八拍运行时的步距角为 $\theta = 360°/(50 \times 8) = 0.9°$（俗称“半步”）。

（4）定位转矩：电机在不通电的状态下，电机转子自身的锁定力矩（由磁场齿形的谐波及机械误差引起）。

（5）静转矩也称“保持转矩”，是指步进电动机通电但没有转动时，定子锁住转子的力矩。保持转矩与驱动电压及驱动电源等无关，它是步进电动机最重要的参数之一。通常步进电动机在低速时的力矩接近保持转矩。由于步进电动机的输出力矩随速度增大而不断衰减，输出功率也随速度增大而变化，所以保持转矩就成为了衡量步进电动机最重要的参数之一。例如，2 N·m 的步进电动机在没有特殊说明的情况下是指保持转矩。

（6）钳制转矩：步进电动机在没有通电的情况下，定子锁住转子的力矩。由于反应式步进电动机的转子不是永磁材料，所以它没有钳制转矩。

5.5　工业通信网络模块

5.5.1　工业通信网络

一般而言，企业的通信网络可划分为三级，即企业级、车间级和现场级。

企业级通信网络用于企业的上层管理，为企业提供生产、经营和管理等数据，通过信息化的方式优化企业的资源，提高企业的管理水平。在这个层次的通信网络中 IT 技术的应用十分广泛，如国际互联网（Internet）和企业内部网（Intranet）。

车间级通信网络介于企业级和现场级之间。它的主要任务是解决车间内不同工艺段之间各种需要协调工作的通信，从通信需求角度来看，要求通信网络能够高速传递大量信息数据和少量控制数据，同时具有较强的实时性。对车间级通信网络，主要解决方案是使用工业以太网。

现场级通信网络处于工业网络系统的最底层，直接连接现场的各种设备，包括 I/O 设备、传感器、变送器、变频与驱动等装置。由于连接的设备千变万化，所使用的通信方式也比较复杂，而且现场级通信网络直接连接现场设备、网络上传递的控制信号，因此对网络的实时性和确定性有很高的要求。对现场级通信网络而言，现场总线是主要的解决方案，最具有影响力的有 Profibus 现场总线、基金会现场总线、Devicenet 现场总线和 CAN 现场总线等。

强大的工业通信网络与信息技术的结合彻底改变了传统的信息管理方式，将企业的生产管理带入到一个全新的境界。为了满足巨大的市场需求，世界著名的自动化产品生产商都为工业控制领域提供了非常完整的通信解决方案，并且考虑到车间级网络的现场级网络的不同通信需求，在不同的层次上提供了不同的解决方案。使用这些解决方案，可以很容易地实现工业控制系统中数据的横向和纵向集成，很好地满足工业领域的通信需求，而且借助于集成的网络管理功能，用户可以在企业级通信网络中很方便地实现对整个网络的监控。

图 5－30 所示为一西门子工业通信网络的拓扑图实例。整个网路分为监控层、操作层和现场层。现场控制信号，如 I/O、传感器和变频器等，通过 HART、ModBus 等各种方式连接现场 S7－300PLC 上，Profibus 总线完成 S7－300PLC 与现场设备的信息交流。可以很方便地进行第三方设备的扩展。现场层配备有两个数据同步的互为冗余的主站，保证现场层与操作层之间数据信息的稳定可靠，中央集控制室与操作员站、工程师站通过开放、标准的以太网进行数据的交换。

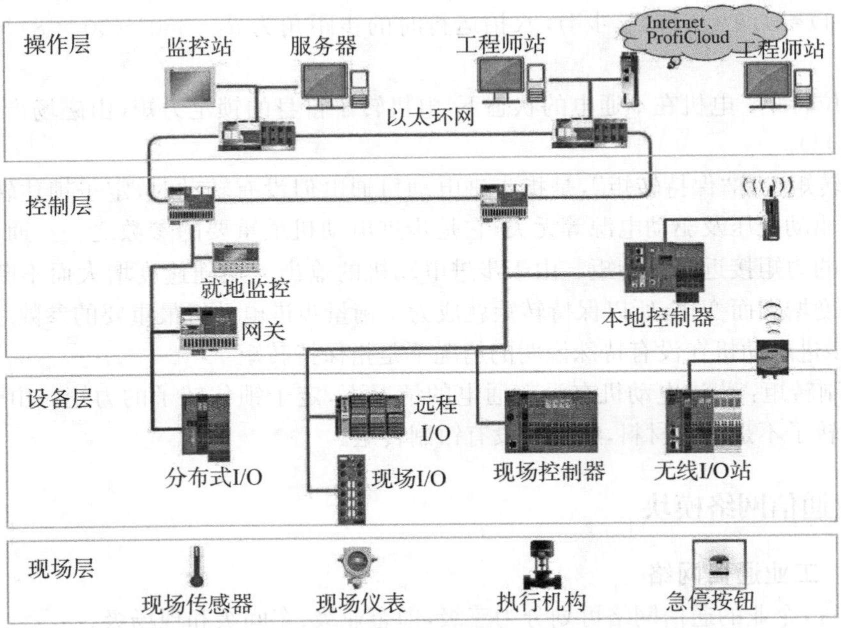

图 5－30 西门子工业通信网络拓扑图实例

在应用较多的西门子工业通信网络解决方案的范畴内使用了许多通信技术。在通信、组态和编程中，除了图 5－30 中提到的工业以太网和 Profibus 总线之外，还需要使用其他一些通信技术。

5.5.2 PPI通信

PPI(Point to Point Interface)通信协议是西门子公司专为S7-200系列PLC开发的一种通信协议，是S7-200PLC最基本的通信方式，也是其默认的通信方式，该系列PLC可通过自带的通信端口实现西门子公司规定的PPI通信协议。PPI是一种点对点的串行通信协议，同时也是主一从通信协议，虽然PPI是串行通信，传输速率比较低，但其可以长距离传输数据。

要进行PPI通信，要先设置PPI通信参数。PPI参数主要有波特率、起始位个数、数据位数、检验位、停止位和站地址。S7-200PLC的默认通信参数为：站地址为2，波特率为9 600 kb/s，8位数据位，2位偶检验，1位停止位，1位起始位。地址与波特率可以在系统块中进行更改，其他的参数格式不能更改。

5.5.3 MPI通信

MPI是多点接口的简称，是西门子公司开发的用于PLC之间通信的保密协议。MPI通信是当通信速率要求不高、通信数据量不大时，可以采用的一种简单经济的通信方式。

MPI通信的主要优点是CPU可以同时与多个设备建立通信联系，即编程器、HMI设备和其他的PLC可以连接在一起并同时运行。编程器通过MPI生成的网络还可以访问所连接硬件站上的所有智能模块。可同时连接的其他通信对象的数目取决于CPU的型号。例如，CPU314的最大连接数为4，CPU416的最大连接数为64。

MPI的主要特性如下：

(1) 是RS-485物理接口。

(2) 传输率为19.2 kb/s、187.5 kb/s或1.5 Mb/s。

(3) 最大连接距离为50 m(2个相邻节点之间)，有两个中继器时最大连接距离为1 100 m，采用光纤和星形耦合器时最大连接距离为23.8 km。

(4) 采用Profibus元件(电缆、连接器)。

MPI通信有全局数据通信、基本通信和扩展通信。

(1) 全局数据通信通过MPI在CPU间循环地交换数据，而不需要编程。当过程映像被刷新时，在循环扫描检测点上进行数据交换。全局数据可以是输入、输出、标志位、定时器、计数器和数据块区。数据通信不需要编程，而是利用全局数据表来配置。不需要CPU的连接用于全局数据通信。

(2) 基本通信可用于所有S7-300/400CPU，它通过MPI子网或站中的总线来传递数据。

(3) 扩展通信可用于所有的S7-400CPU。该方式通过任何子网可以传送最多64 kB的数据。它是通过系统功能块来实现的，支持有应答的通信。数据也可以读出或写入到S7-300(PUT/GET块)中。扩展通信不仅可以传送数据，而且可以执行控制功能，如控制通信对象的启动和停止。这种通信方法需要配置连接表。该连接在一个站的全启动时建立并且一直保持。在CPU上需要有自由的连接。

5.5.4 Profibus现场总线

1) 现场总线及其国际标准

国际电工委员会(IEC)对现场总线的定义是“安装在制造和过程区域的现场装置与控制室内的自动控制装置之间的数字式、串行和多点通信的数据总线称为现场总线”。

IEC 61158是迄今为止制定时间最长、意见分歧最大的国际标准之一，制定时间超过12年，先后经过9次投票，在1999年底获得通过。IEC 61158最后容纳了下列八种互不兼容的协议：

(1) 类型1：原IEC 61158技术报告，即现场总线基金会(FF)的HI。

(2) 类型 2：Control Net(美国 Rockwell 公司支持)。

(3) 类型 3：Profibus(德国西门子公司支持)。

(4) 类型 4：P-Net(丹麦 Process Data 公司支持)。

(5) 类型 5：FF 的 HSE(原 FF 的 H2,高速以太网,美国 Fisher Rosemount 公司支持)。

(6) 类型 6：Swift Net(美国波音公司支持)。

(7) 类型 7：WorldFIP(德国 Alstom 公司支持)。

(8) 类型 8：Interbus(德国 Phoenix contact 公司支持)。

各类型将自己的行规纳入 IEC 61158,且遵循以下两个原则：

(1) 不改变 IEC 61158 技术报告的内容。

(2) 8 种类型都是平等的,类型 2～类型 8 都对类型 1 提供接口,标准并不要求类型 2～类型 8 之间提供接口。

EC 62026 是供低压开关设备与控制设备使用的控制器电气接口标准,于 2000 年 6 月通过。它包括以下内容：

(1) IEC 62024-1：一般要求。

(2) IEC 62024-2：执行器传感器接口。

(3) IEC 62024-3：设备网络。

(4) IEC 62024-4：Lonworks 总线的通信协议 LonTalk。

(5) IEC 62024-5：灵巧配电(只能分布式)系统。

(6) IEC 62024-6：串行多路控制总线。

2) 工厂自动化网络结构

(1) 现场设备层。现场设备层的主要功能是连接现场设备,如分布式 I/O、传感器、驱动器、执行机构和开关设备等,完成现场设备控制及设备间的连锁控制。

(2) 车间监控层。车间监控层又称为“单元层”,用来完成车间主生产设备之间的连接(包括生产设备状态的在线监控、设备故障报警及维护等)以及生产统计和生产调度等功能。

虽然传输速度不是最重要的,但是应能传输大容量的信息。

(3) 工厂管理层。车间操作员工作站通过集线器与车间办公管理网连接,将车间生产数据送到车间管理层。车间管理网作为工厂主网的一个子网,连接到工厂骨干网,将车间数据集成到管理层。

西门子工业网的通信结构如图 5-31 所示。

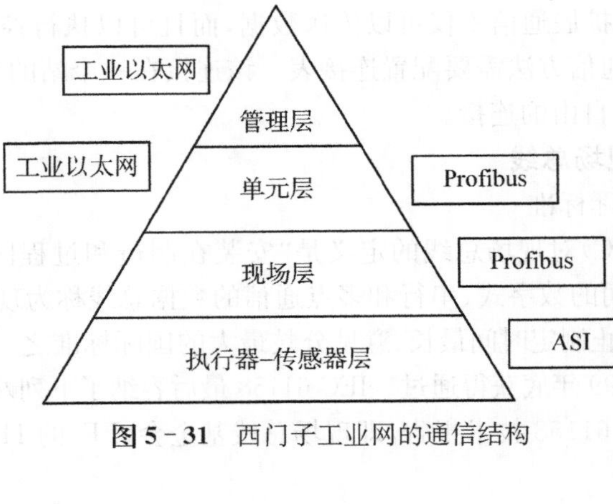

图 5-31　西门子工业网的通信结构

3) Profibus的结构与类型

Profibus已被纳入现场总线的国际标准IEC 61158和欧洲标准EN 50170之中，并于2001年被定为我国的国家标准JB/T 10308.4—2001。Profibus在1999年12月通过的标准IEC 61158中称为Type3，Profibus的基本部分称为Profibus-VO。在2002年新版的标准IEC 61158中增加了Profibus-V1、Profibus-V2和RS-4851S等内容。新增的ProFInet规范作为IEC 61158的Type10。截至2003年年底，安装的Profibus节点已突破了1 000万个，在中国超过150万个。

(1) Profibus的类型。ISO/OSI通信标准由七层组成，分为两类：①面向网络的第一层到第四层；②面向用户的第五层到第七层。第一层到第四层描述数据的传输路径，第五层到第七层为用户提供访问网络系统的方式。Profibus协议使用了ISO/OSI模型的第一层、第二层和第七层。

从用户的角度看，Profibus提供三种通信协议类型：Profibus-FMS、Profibus-DP和Profibus-PA。

现场总线报文规范使用第一层、第二层和第七层。第七层(应用层)包含FMS和LLI(底层接口)，主要用于系统级和车间级不同供应商的自动化系统之间的传输数据以及处理单元级(PLC和PC)的多主站数据通信。

分布式外部设备(Profibus-DP)使用第一层和第二层，这种精简的结构特别适合数据的高速传送。Profibus-DP用于自动化系统中单元级控制设备与分布式I/O(如ET200)的通信。主站之间的通信为令牌方式；主站与从站之间为主从方式，以及这两种方式的混合。

过程自动化(Profibus-PA)用于过程自动化的现场传感器和执行器的低速数据传输，使用扩展的Profibus-DP协议。Profibus-DP传输技术采用IEC 1158-2标准，可以用于防爆区域的传感器和执行器与中央控制系统的通信。使用屏蔽双绞线电缆，由总线提供电源。此外，基于Profibus还推出了用于运动控制的总线驱动技术ProFI-drive和故障安全通信技术ProFI-safe。

此外，对于西门子系统，Profibus提供了两种更为优化的通信方式，即Profibus-S7通信和S5兼容通信。

Profibus-S7(PG/OP通信)使用第一层、第二层和第七层，它特别适合于S7 PLC与HMI和编程器之间的通信，也可用于S7-300和S7-400及S7-400和S7-400之间的通信。

Profibus-FDL(S5兼容通信)使用第一层和第二层，数据传送快，特别适合于S7-300、S7-400和S5系列PLC之间的通信。

(2) Profibus的物理层。Profibus可以使用多种通信介质(电、光、红外、导轨及混合方式)。其传输速率为9.6 kb/s～12 Mb/s，假设DP(分布式外部设备)有32个站点，所有站点传送以512 b/s输入和512 b/s输出，在12 Mb/s时只需1 ms。每个DP从站的输入数据和输出数据最大为244 B。

使用屏蔽双绞线电缆时的最远通信距离为9.6 km，使用光缆时的最远通信距离为90 km，最多可以接127个从站。可以使用灵活的拓扑结构，支持线型、树型、环形结构及冗余的通信模型。

DP/FMS的RS-485传输DP和FMS使用相同的传输技术和统一的总线存取协议，可以在同一根电缆上同时运行。DP/FMS符合EIARS—485标准(也称“H2”)，采用屏蔽或非屏蔽双绞线电缆，传输速率为9.6 kb/s～12 Mb/s。一个总线段最多有32个站，带中继器时最多有127个站。若使用A型电缆，传输速率为3～12 Mb/s时的通信距离为100 m，9.6～93.75 kb/s时则为1 200 m。

4) Profibus-DP设备的分类

(1) 1类DP主站。1类DP主站(DPM1)是系统的中央控制器，DPM1与DP从站循环地交换信息，并对总线通信进行控制和管理，如PC、OP和TP等。

(2) 2类DP主站。2类DP主站(DPM2)是DP网络中的编程、诊断和管理设备。DPM2除了具有1类主站的功能外，还可以读取DP从站的输入/输出数据和当前的组态数据以及给DP从站分配新的总线地址，如PLC、PC等。

(3) DP从站。①分布式I/O(非智能型I/O)由主站统一编址；②PLC智能DP从站(I从站)：PLC(智能型I/O)作从站，存储器中有一片特定区域作为主站通信的共享数据区；③具有Profibus-DP接口的其他现场设备。

(4) DP组合设备。

5) Profibus-DP总线

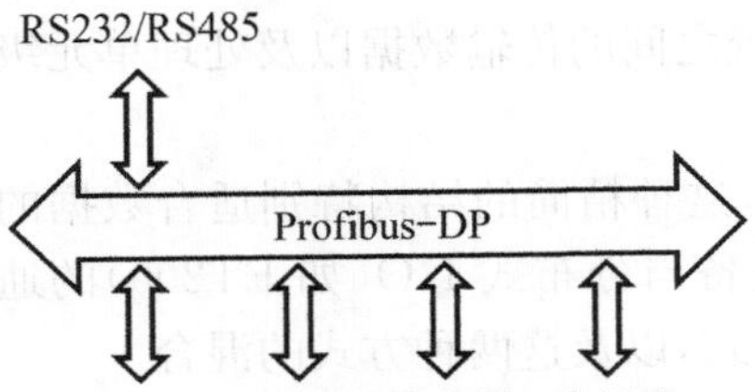

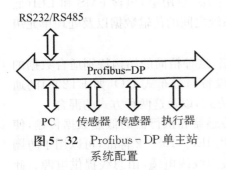

图5-32 Profibus-DP单主站系统配置

Profibus-DP总线允许构成单主站或多主站系统的配置。系统配置包括站点数目、站点地址、输入/输出数据的格式、诊断信息的格式和所用的总体参数。典型的Profibus-DP总线配置是以总线存取程序为基础，一个主站轮询多个从站。在单主站系统中，总线系统操作阶段只有一个活动主站，PLC为中央控制部件。图5-32所示为Profibus-DP单主站系统配置。单主站系统在通信时可获得最短的总体循环时间。

Profibus-DP多主站系统配置如图5-33所示。在多主站系统配置中，总线上的主站与各自的从站机构相互构成一个独立的子系统，或者作为DP网络上的附加配置和诊断设备。在多主站DP网络中，一个从站只有一个1类主站，1类主站可以对从站执行发送和接收数据操作，其他主站(2类主站)只能有选择地接受从站发送给1类主站的数据，而不能直接控制该从站。与单主站系统相比，多主站系统的循环时间要长得多。

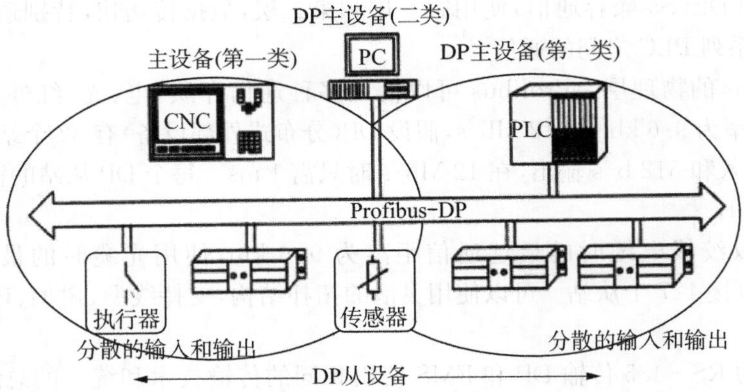

图5-33 Profibus-DP多主站系统配置

思考与练习

(1) 一个完整的气动控制系统由哪几部分组成?

(2) 简述气动压力控制阀的类型、作用及应用特点。

(3) 在电磁阀中,何为“位”? 何为“通”?

(4) 简述磁感应式接近开关的原理。

(5) 简述电感式接近开关的原理。

(6) 简述光电编码器的工作原理。

(7) 何为步进电动机的步距角? 试计算转子齿数为50的二相步进电动机四拍运行时的步距角,四相步进电动机八拍运行时的步距角。

(8) 简述永磁同步交流伺服驱动器的组成结构。

(9) 简述企业通信网络的组成。

(10) 何为现场总线?

参考文献

[1] 向晓汉. 西门子PLC高级应用实例精解[M]. 北京：机械工业出版社,2010.
[2] 何用辉. 自动化生产线安装与调试[M]. 北京：机械工业出版社,2012.
[3] 朱文杰. S7-200PLC编程设计与案例分析[M]. 北京：机械工业出版社,2011.
[4] 童克波. 现代电气及PLC应用技术[M]. 北京：北京邮电大学出版社,2011.

第6章

柔性制造自动化的控制技术

6.1 面向柔性制造系统的PLC技术

6.1.1 PLC技术的功能扩展

6.1.1.1 继电器顺序控制与PLC

PLC是顺序控制系统的高级发展阶段。最早出现的继电器顺序控制系统，依靠动合触点与动开触点的组合以及时间继电器的延时、定时功能，控制自动化系统的各设备按照预先设计的流程有序地启动、运转和停止。

电控触点多、接线复杂和故障率高是继电器顺序控制系统的突出缺点。人们大规模集成电路和微处理器技术开发出来的可编程逻辑控制器，成功地克服了该缺点，成为被自动化系统广泛使用的顺序控制装置，PLC的编程语言依然沿用继电器顺序控制系统的梯形图。随着柔性制造自动化技术的发展，PLC的应用范围在不断扩大，单纯的顺序控制已不能满足人们的需要，PLC的功能和结构也因此发生了很大变化。

6.1.1.2 PLC的功能扩展

面对日益复杂的被控设备和控制作业，PLC的功能沿着以下方向发展：

1）数据处理与数值运算功能

除了行程开关等器件发出的开关信号外，一些智能化传感器监测到的信号也能成为PLC的输入信号。此外柔性制造自动化系统还常常要求PLC与上位计算机或控制器通信，能完成字符串处理、常用数学公式计算和浮点运算等。所以不少厂家推出了拥有数据处理和数值运算命令的PLC。

2）高性能CPU和大容量内存

柔性制造自动化系统要求PLC具有高速处理信息的能力（如20世纪90年代初推出的PLC能以0.5 μs处理一条顺序控制命令，以9 μs处理一条数据传送命令），此外还要求PLC运行较大程序以数据文件方式传送信息。所以不少厂家推出了拥有高性能CPU和大容量内存的PIE，能完成大量信息的高速处理。

3）外围设备多样化

为了扩大应用范围，不少厂家推出的PLC能采用多种外围设备，如条码阅读机、CRT、打印机、微型计算机、便携式计算机、位置检测控制设备和伺服控制装置等。

4）网络功能

作为柔性制造自动化系统的基本控制设备，PLC应具备网络功能，因为拥有数台PLC的较大规模自动化系统，不仅要求PLC之间能交换数据，而且还要求PLC高速地与上位计算机、控制器通信、传送制造命令、生产统计和故障分析等信息联网，所以 PIJ 网络功能的建立以开放式通信协议标准为基础。

故障诊断面对复杂的系统结构和控制内容，不少厂家推出的 PLC 都拥有故障诊断功能。

6.1.2　PLC 编程语言

1）梯形图和计算机算法语言

PLC 是为替代继电器顺序控制系统而研制、发展起来的，因此梯形图仍是一种主要的 PLC 编程语言。然而，面对日益复杂的自动化系统，梯形图既不能表达其数值、数据，也不便描述整个控制流程，因此生产厂家将计算机算法语言（如 C 语言、BASIC 语言）引进到 PLC，作为 PLC 的编程语言。

2）顺序功能图（SFC）

SFC 是另一种 PLC 编程语言。SFC 能方便地描绘机械设备的动作顺序，记述包括数据处理的控制。采用 SFC 不仅能把握控制流程和内容，而且还能提高程序开发和维护效率，因此人们认为 SFC 代表了 PLC 编程语言的发展方向。

6.1.3　PLC 的模块化

1）模块化的 PLC

为了适应柔性制造自动化对设备的增设、改造和迁移的需求，为了减少制造费用和缩短工期，为了把 PLC 的输入、输出由集中式改成远程分布式，生产厂家推出了模块化的 PLC。图 6-1 所示的模块化 PLC 结构由 PLC 主机、通用连接器、发送部件、地址部件、传感器终端和功率终端等部件组成，通用电缆把分散在不同作业点的部件连接成一体。

图 6-1 中，通用连接器直接插在 PIE 主机的 I/O 卡上，该部件有输入连接器和输出连接器两种形式。发送部件测定整个系统的同步，同时检测传输线的异常情况，若异常现象发生，则相关发光二极管亮，发出报警信号。一台地址部件最多能与 20 台传感器终端（或动力终端）连接，建立几个 I/O 点，传感器终端（或动力终端）的起始地址设置在地址部件上。传感器终

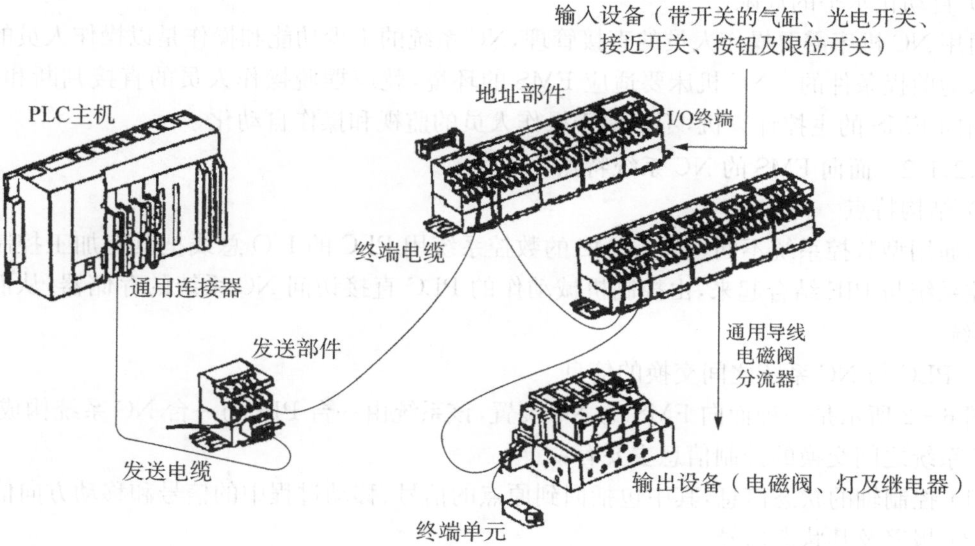

图 6-1　模块化的 PLC 结构

端能把各种传感器及开关的并行通断信号变换成串行信号，一台传感器终端有4个输入端子。来自通用连接器的串行通断信号，被动力终端变换成并行信号，一台动力终端拥有4个输出端子。

2）模块化PLC的运行

该模块化PLC按下述过程运行：

(1) 输入。传感器的并行信号进入传感器终端，被转换成串行信号，接着由地址部件传送到发送部件接受检测，最后传送到输入连接器，被转换成能由PIE接受的并行信号。

(2) 输出。PLC的命令进入输出连接器，被转换成串行信号，接着传送到发送部件接受检测，最后经地址部件传送到动力终端，被转换成能由执行机构接受的并行信号。

6.2 面向柔性制造自动化的数控系统

6.2.1 面向FMS的数控系统特点

6.2.1.1 通用数控系统的技术局限

装备了数控(NC)系统的通用机床，借助数控程序，能够高质量、高效率地完成复杂的制造任务。NC系统能同时存储多种零件的NC程序，并逐一付诸实施，所以NC机床具有柔性制造的能力。

然而让若干台通用NC机床组成一个柔性制造系统(FMS)，其通用NC系统拥有的传统功能还不能满足FMS的要求，因为通用NC机床及其NC系统的技术性能具有一定的局限性，这主要表现为：

1）设备之间数据交换的局限

FMS的各种设备在主控计算机的管理下协调一致地工作，通用NC系统虽然具有内藏的PIE功能，但是该PLC的I/O单元不能支持各设备之间的控制信号的高速通信，即不能在很短时间内处理大量数据。

2）自动化水平的局限

通用NC机床需要操作人员的直接管理，NC系统的不少功能和操作是以操作人员的判断和输入为前提条件的。NC机床要适应FMS的环境，就应摆脱操作人员的直接判断和操作，直接面向FMS的主控计算机，不依赖于操作人员的监视和操作自动化。

6.2.1.2 面向FMS的NC系统特点

1）结构特点

与通用型数控系统不同，面向FMS的数控系统用PLC的I/O总线把具有加工控制功能的数控系统与PIE结合起来，由控制机械动作的PLC直接访问NC系统的存储器，从而控制NC系统。

2）PLC与NC系统之间交换的信息

图6-2所示是一种面向FMS的NC装置，该系统由一台PIE与一台NC系统构成，PLC与NC系统之间交换的控制信息主要有：

(1) 控制轴的状态信息，其中包括回到原点的信号、移动过程中的信号和移动方向信号。

(2) 报警及其状态信号。

(3) 当前值数据。

(4) M、S、T代码信号。

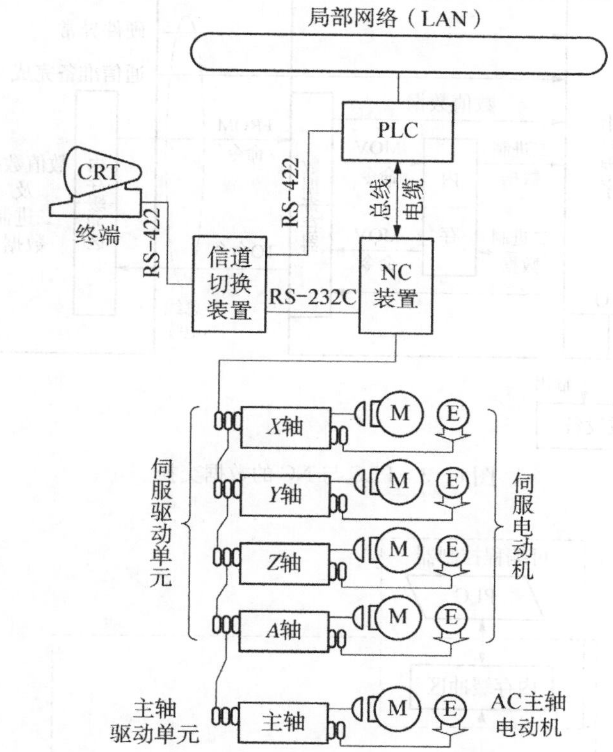

图 6-2　面向 FMS 的 NC 装置

(5) 运行模式选择信号。

(6) 运行启/停信号。

(7) 程序查询信号。PIE 与 NC 系统共用一台终端和显示器，信道切换装置以串行通信方式把它们连接起来。

3) PLC 与 NC 系统之间数据的交换过程

PLC 的数据寄存器与 NC 系统的内存缓冲区之间的数据，是依据 FROM/TO 命令传送的。PLC 与 NC 的数据交换如图 6-3 所示，执行 FROM 命令，内存缓冲区的数值数据和二进制数据被送到 PLC 的数据寄存器中记忆起来。PIE 使用的二进制数据需要传送给 NC 系统时，先送到数据寄存器中记忆，然后执行 TO 命令送到 NC 系统的内存缓冲区。

4) 对算法语言源程序的调用

为了实现对 NC 机床的自动监视和操作，面向 FMS 的数控系统还应具备这样一种功能：用 NC 语言和 PIE 语言(梯形图语言)调用计算机算法语言编写的程序。NC 机床因异常情况中断加工时，分析故障、恢复加工的自动处理程序应该用算法语言编写，此外，自动变更参数、自动检测补偿等处理程序，也常常用算法语言编写。因此，在 FMS 环境下，用 NC(或 PLC)语言调用算法语言源程序以及由执行算法语言程序转向 NC(或 PLC)程序的某一执行状态，便是一种基本操作。

从自动调用算法语言源程序的功能来看面向 FMS 的数控系统，面向 FMS 的 NC 装置特点如图 6-4 所示。

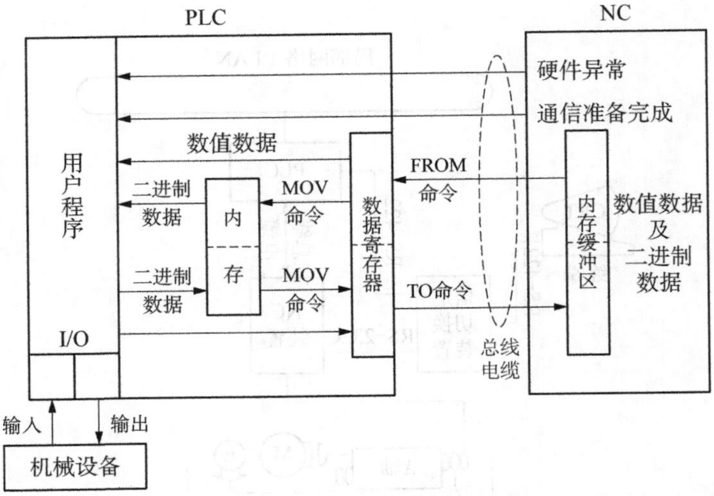

图 6-3　PLC 与 NC 的数据交换

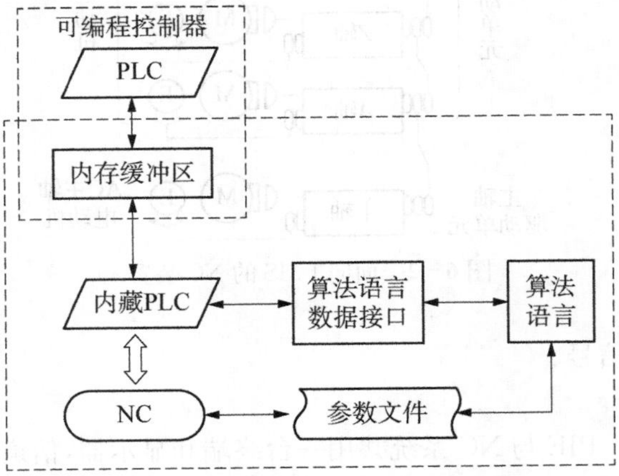

图 6-4　面向 FMS 的 NC 装置特点

5) PIE 与 NC 系统的分工

面向 FMS 的数控系统的 PLC 和 NC 系统具有明确的分工。机械设备动作的顺序控制，NC 程序的检索、启/停操作、主轴控制、报警和故障信息输出等作业，由 PLC 完成。NC 系统完成的作业主要有：进给轴控制、选择主轴转速（S 指令）和刀具（T 指令）、执行辅助功能（M 指令）、紧急停止、超程控制、故障诊断和报警。

6.2.2　数控系统的功能扩展

生产实践中，人们逐渐发现追求大型柔性制造自动化系统所带来的风险和负担，发现模块化技术对柔性制造自动化的意义和作用，发现单机柔性制造自动化的重要性。基于这些认识，生产厂家大力扩充了 NC 系统的功能包括：

1）会话式制定日作业计划功能

拥有该功能，操作人员可以方便地制定出优化的日作业计划，其步骤如下：

(1) 根据 CRT 上列出的程序一览表，选择出与日作业计划有关的若干个程序，并确定这些程序所使用的刀具。

(2) 根据CRT提示,结合程序(即被加工零件)、车间内夹具的使用状况和NC机床的托盘装夹状况,操作人员选择出日作业计划所需要的夹具和托盘。

(3) 在CRT提示下以加工时间最短为优化目标制定日作业计划,该计划包含有刀具破损检测、工件找正、刀具寿命管理和自动切屑处理等操作。

2) 远程通信功能

利用该功能,操作人员可以在远离车间的任何地方借助电话线路来了解机床运行和作业进程等情况。为了诊断系统故障,操作人员还可以把必要的信息发送到服务中心,让服务中心分析故障原因,提出解决办法。

两台计算机之间以文件方式通信,文件中包含的信息有:作业内容、工序、程序和数据。远程通信功能为构筑自律分布式柔性制造自动化系统提供了必要的技术支撑。

3) 柔性加工自动化功能

为了提高NC机床的柔性自动化水平,增加了以下功能:

(1) 自动编程。该功能通过切换数据输入屏幕显示,来帮助操作人员编写程序,因此容易被初学者理解,初学者使用熟练后就能迅速地编写出复杂的加工程序。除与工件形状尺寸有关的数据,如加工深度、加工尺寸和刀具等,其他数据都是自动确定的,因此操作人员只需确认数据,就能以图形仿真的方式实时地检验加工程序是否正确。

(2) 辅助工序。为了消除人为的测量误差,提高加工精度,"辅助工序"能支持完成工件找正作业。该功能还可以在加入工序间检测工件,从而有利于机床长时间地无人运行。"辅助工序"提供的试加工功能,可支持完成试切。

(3) NC运行。"NC运行"包括坐标显示、NC程序删除和加工轨迹显示等功能,对于NC运行操作来说,这些功能都是必备的。

(4) 参数。该功能可以存储刀具数据文件、夹具数据文件、切削条件数据文件、加工精度与加工条件,还能向操作人员提供会话窗口,让他们用自己的经验数据刷新陈旧的数据。

(5) 维护。当机床发生故障时,"维护"功能可以指出故障原因和处理方法。此外该功能还可以在必要时刻指出定期维护的项目。

(6) 生产信息。"生产信息"包括交货期管理、定期累计和加工统计等功能,可支持制定制造计划。

4) 人工智能

为了构筑出性能优良、价格低廉的柔性制造自动化系统,生产厂家把人工智能技术应用到了NC系统。例如,借助人工智能技术可以迅速地确定最优加工条件。加工条件自动决定功能是建立在数据库、知识库和向前推理策略基础之上,数据库中收集了刀具、切削条件、工艺参数和自动循环等数据,知识库中收集了与切削速度、进给量、螺纹加工、加工工步顺序及其刀具和切削深度等有关的知识。

5) 自律分布式功能

该功能使NC机床具有以下优点:

(1) 能同时完成多道作业。为了提高对需要立刻实施的作业(如会话式编辑、屏幕显示操作等)的应答性和操作性,该功能把占用较多操作时间的作业(如编写NC程序、通信)放到后台处理。

(2) 提高制造自动化系统的柔性。由于具有自律分布式功能,所以扩充制造自动化系统的设备,变动制造自动化系统的布局,就不必过多考虑原来设备的约束。

(3) 增强制造自动化系统对故障的应变能力。制造自动化系统配置了若干台具有自律性的机床，如果某台机床发生了故障，那么作业也可以由另外的机床替代完成，从而能保证整个系统的运行不被中断。

6.3 DNC 系统

DNC 控制系统，即直接数字控制系统，是由一台计算机和若干台机械设备的 NC 装置组成的控制系统，该计算机直接管理着各设备的控制指令和数据。在我国 DNC 控制方式常被称作“群控”。DNC 系统的总体结构如图 6-5 所示，图中带箭头的实线表示圆形工件的物流路径。DNC 系统的核心设备是一台微型计算机，此外还配置了一个集中监视站来观测系统的运行状态。

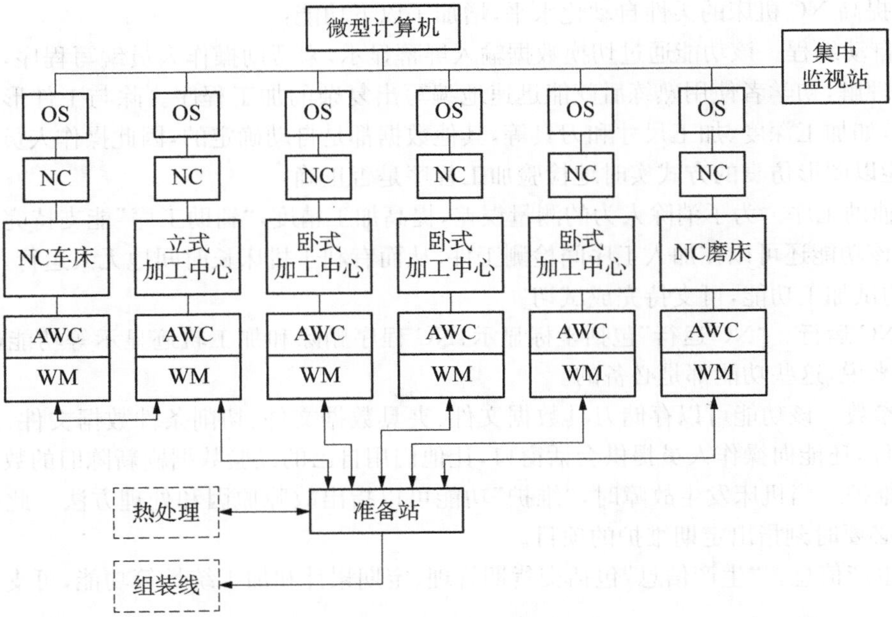

图 6-5 DNC 系统的总体结构

6.3.1 DNC 软件

20 世纪 80 年代初期，NC 程序的载体是穿孔纸带。开发 DNC 系统后，计算机直接面对 NC 装置，就不必借助穿孔纸带传送 NC 程序，从而使人们摆脱了制作和保管穿孔纸带的繁琐劳动。进入 80 年代后，迅速发展的微型计算机技术和 ChIC 技术，使 DNC 不仅能从事程序管理，还能对柔性制造自动化过程进行管理、控制和监视。与此相应，DNC 也拥有了丰富的计算机软件，图 6-6 所示为 DNC 系统的软件配置。

6.3.2 DNC 物理结构

用微型计算机来构造小型 DNC 系统，是一种有效的常用技术措施，其原理如图 6-7 所示。图 6-8 是一种 DNC 系统实施方案，接口板和远程缓冲存储器由专业厂家生产，它们有两个通道，分别用于 RS-232C 口和 RS-422 口通信，RS-232C 口通信可以用光电转换模块和光缆来实现。

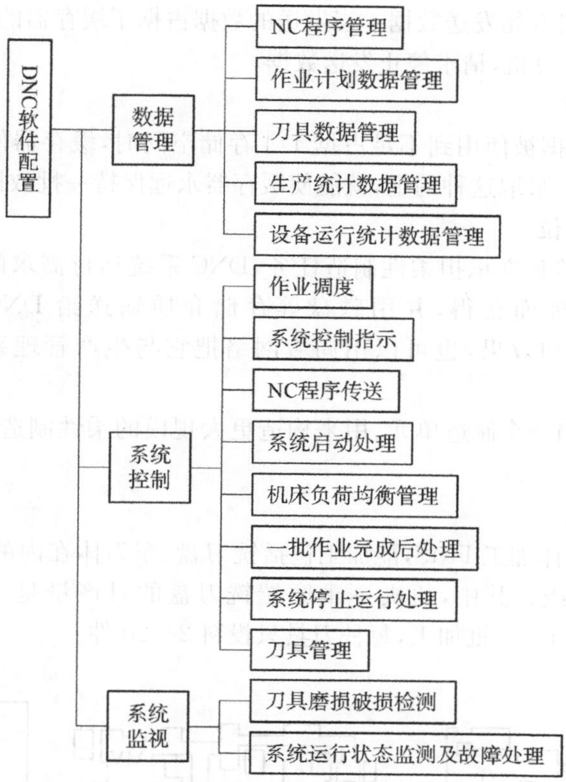

图 6－6　DNC 系统的软件配置

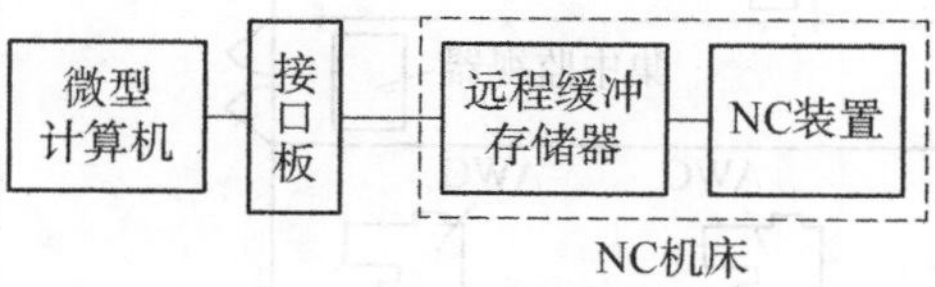

图 6－7　小型 DNC 系统的结构

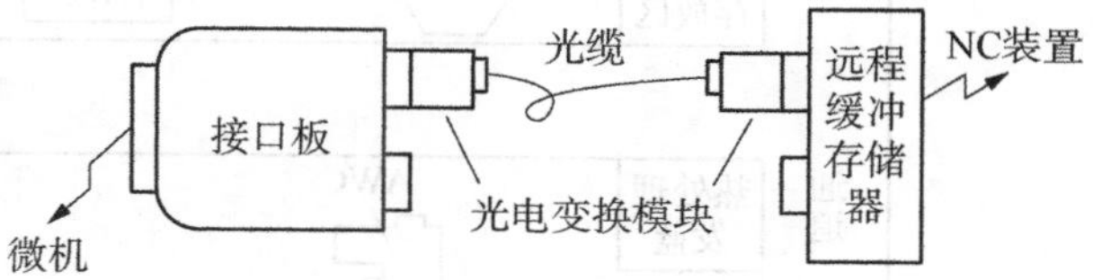

图 6－8　DNC 系统的实施方案

由于微型计算机 CPU 处理数据的速度与 NC 装置处理数据的速度不同，为了避免计算机与 NC 装置之间出现通信延滞或中断，就应配置远程缓冲存储器（简称“缓存器”）。缓存器与 NC 装置之间的通信协议不同于缓存器与计算机之间的通信协议，前者通常是“暗盒”，后者可采用图 6－9 所示的协议方式来控制 DNC 系统的数据发送，其过程如下：

1）发送数据请求

NC 机床开始运行时启动发送数据请求按钮，缓存器收到该信号便把 DC1 代码送给计算机，请求发送数据。

2）数据发送和停止发送数据请求

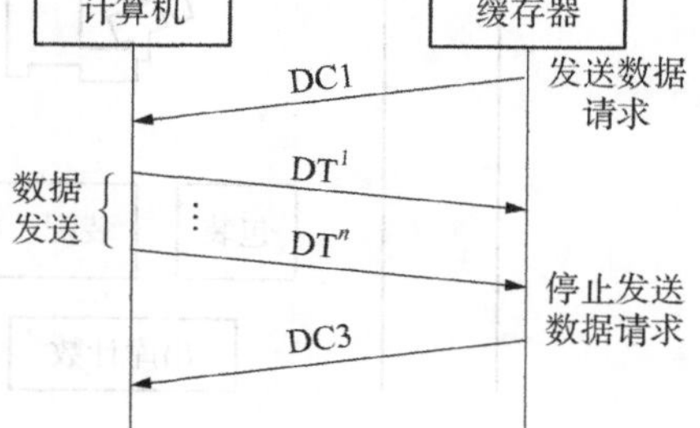

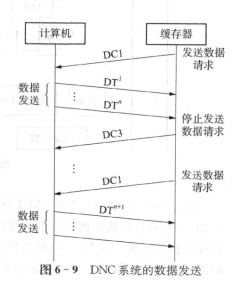

图 6－9　DNC 系统的数据发送

收到代码后，计算机开始发送数据。当发送的数据占据了缓存器的 3/4 存储空间时，缓存器便把 DC3 代码送给计算机，请求停止发送数据。

3）发送数据再请求

当缓存器存储的数据被使用到不足占据 1/4 存储空间时，缓存器便向计算机发送 DC 代码，再次请求发送数据。采取这种约定，就能使缓存器永远保持一批数据，供给 NC 装置使用。

6.3.3 DNC 的地位

DNC 控制系统能够独立承担柔性制造任务，DNC 系统运行需求的生产管理数据和 NC 数据由其他计算机处理而获得，并用磁盘等存储介质输送给 DNC 计算机。为了提高 DNC 系统的运行效率和效果，也可以用局域网络把它与生产管理系统、自动编程系统连接起来。

DNC 系统还能充当一个制造单元、用来构造更大规模的柔性制造自动化系统，此时它是局域网络的一个节点。

6.3.4 应用实例

图 6－10 所示的刀体加工 FMS，能加工包括铣刀盘、车刀体在内的 3 600 种刀具，制造精度保证达到 IT6－IT/级。其中，机夹不重磨端铣刀盘的月产量是 1 500 件，直径为 50～300 μm，最大刀盘重 50 t。一批加工，每种刀具只投料 2～20 件。

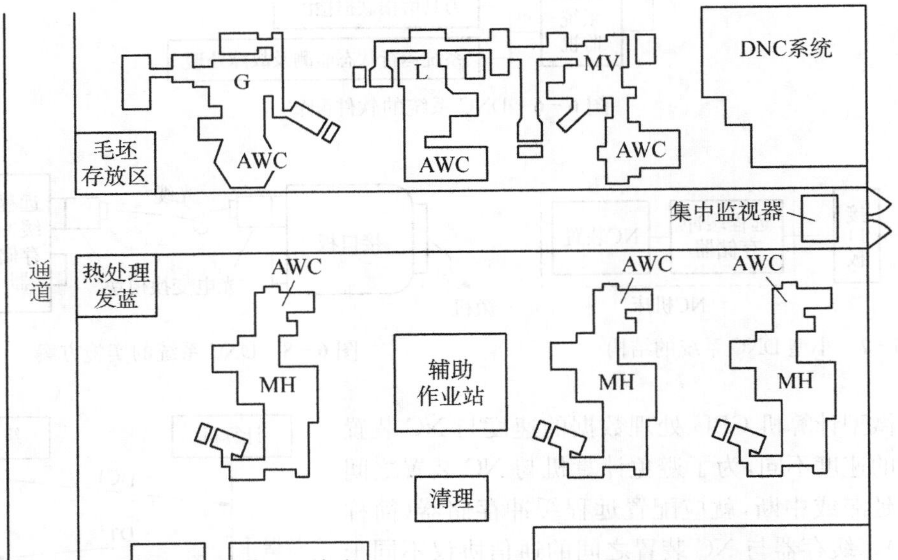

图 6－10 刀体加工 FMS

图 6－10 中，G、L、MV、MH 分别表示 NC 磨床、NC 车床、立式加工中心和五轴联动卧式加工中心，每台机床都配备了工件自动交换装置(AWC)，它由能存储 10 个工件的工件库和自动送料器组成。在 DNC 系统的控制下，铣刀盘、车刀体和铣刀柄按图 6－11 所示刀体加工的工艺流程，由毛坯加工为成品。该 FMS 在运行中需要工人介入，白班(8:00—17:00)要求

两三个人，中班(17:00—21:00)要求两个人，他们的职责是交换刀具，在辅助作业站装卸工件，此外，还担负工序之间搬运工件的任务(第二期建设中安排机器人完成该工作)。夜班(当天 21:00 到第二天 8:00)为无人运行阶段。

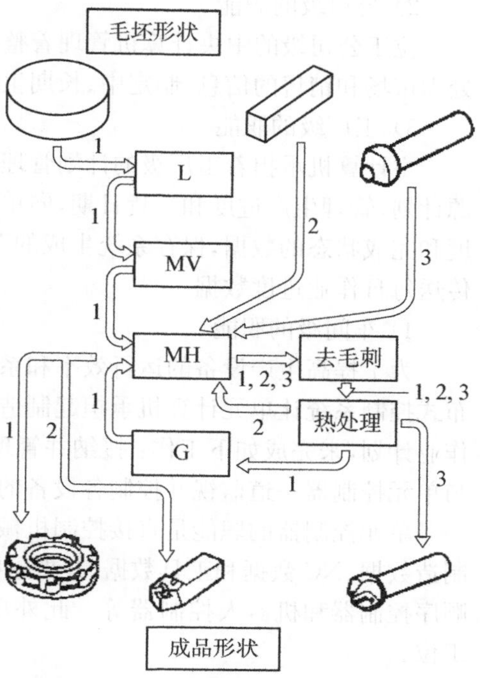

图 6-11 刀体加工的工艺流程
1—铣刀盘；2—车刀体；3—铣刀柄

6.4 多级分布式控制系统

6.4.1 多级分布式控制系统的物理结构

1) 结构特点

多级分布式控制系统是对柔性制造自动化过程进行管理和控制的最完备形式，计算机网络技术是其技术基础。

图 6-12 所示的多级分布式控制系统的结构，是多级分布式控制系统的标准结构模式，可以把该结构的六个层次分成四个控制级：公司级、工厂级、车间级和设备级。

模块化是多级分布式控制系统的另一个结构特点，每个模块都有自律性，整个制造系统应按“一次规划、分期实施”的原则来建设或扩充。大规模的柔性制造自动化系统应该采用多级分布式结构。

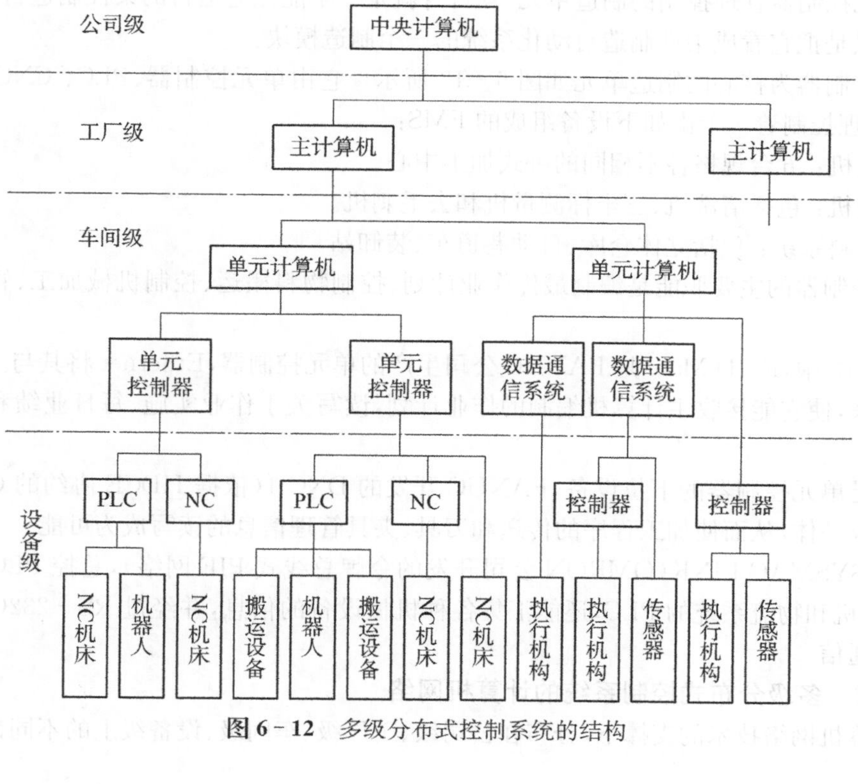

图 6-12 多级分布式控制系统的结构

2）公司级的职能

位于公司级的中央计算机管理着整个公司的营运状态，在综合数据库的支持下，它收集并处理市场和销售的信息，制定中、长期生产计划，收集并积累产品制造数据。

3）工厂级的职能

主计算机承担着工厂级的计划管理工作，它根据中央计算机制定的生产计划，制定制造资源计划，管理生产进度和交货日期，向单元计算机下达日作业指令，从单元计算机采集制造进度和完成状态的数据，保存系统生成的NC程序或将其传送给单元计算机，定期向中央计算机传送每日作业进度数据。

4）车间级的职能

为了提高生产设备的运行效率和系统的运行效果，为了实现车间管理工作自动化，多级分布式控制系统让单元计算机承担起制造单元的管理任务。单元计算机收到主计算机编制的日作业计划，来完成如下工作：接纳并管理制造命令，编制作业调度计划，统计设备的运行业绩，与单元控制器一道监视并控制各设备的运行状态，制造完成后向主计算机传送有关数据。

单元控制器的职能是直接控制机械设备群的运行，它从单元计算机接收到作业调度指令、制造数据、NC数据和工具数据，并把这些指令和数据传送给各台设备的控制器，如NC装置、顺序控制器和机器人控制器等。此外单元控制器还监视设备的运行状态，跟踪工件的当前工位。

5）设备级的职能

设备级被称为柔性制造自动化系统的“底层”，在各自动控制装置的操纵下，位于底层的设备最终把产品制造计划变成现实的产品。

6.4.2 单元控制器

由单元控制器管理控制的制造单元，其自身就是一个能独立运行的柔性制造自动化系统，在级别上只是把它看成柔性制造自动化系统的一个制造模块。

单元控制器为核心的制造单元如图6-13所示。它由单元控制器、PLC、CNC组成的控制系统，管理控制着一个由如下设备组成的FMS：

(1) 主机：五台规格各不相同的卧式加工中心。

(2) 辅机：包括清洗机、三坐标测量机和去毛刺机。

(3) 物料系统：包括立体仓库、自动巷道车、装卸站。

单元控制器的主要职能是编制最优作业计划、控制物料搬运、控制机械加工、管理刀具和夹具。

图6-13中，F-D Mate是FANUC公司生产的单元控制器，Ethernet将其与上位主计算机集成起来，使它能接收主计算机编制的作业计划，读写关于作业实施、每日业绩和运行月报的信息。

机床是单元控制器的下位设备，FANUC开发的DNC 1（依据HDCE协约的CNC网络）把它们连成一体，从而使加工程序的传送和刀具、夹具管理信息的读写成为可能。

利用SYSMAC LINK（OMRON公司开发的令牌总线式PIE网络），总控PLC不仅能管理机床、辅机和物流系统的PLC，还能汇集各种机械设备的信息，并经过RS-232C接口与单元控制器通信。

6.4.3 多级分布式控制系统的计算机网络

在计算机网络技术的支撑下，分布在公司级、工厂级、车间级、设备级上的不同计算机和控

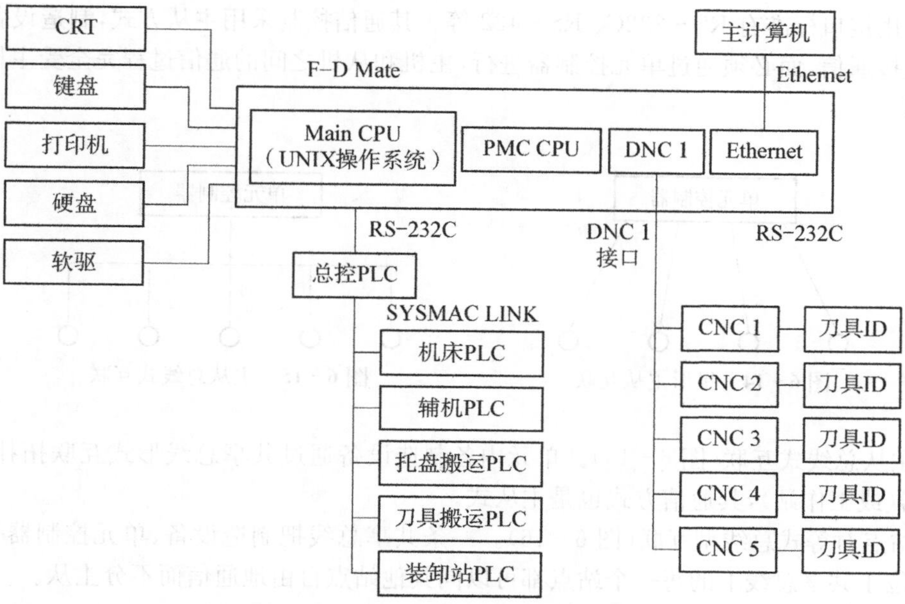

图6-13 以单元控制器为核心的制造单元

制器，能够互联成为一个有机整体。该网络的运行通常局限在一个公司的内部，设备之间进行通信不必经过公用交换网络和通信线路，因此它属于 LAN。

6.4.3.1 多级分布式控制系统的计算机网络特点

采用多级分布式结构的柔性制造自动化系统，其规模比较庞大，系统运行涉及公司的管理决策、产品设计、工艺设计和产品制造。公司的中央计算机主要从事管理决策，工厂的主计算机承担了产品设计和工艺设计，单元计算机和单元控制器的任务则是产品制造。完成这些任务对通信的要求（如信息的吞吐量、实时性和可靠性）并不一样，因此相应的通信协议、拓扑结构、局网存取控制策略和网络介质等往往也各不相同。

此外不同层次的计算机应根据需求选取相应的规格和型号，层次之间及同一层次内，通信和联网接口产品也会因为生产厂家和生产日期而相互区别。

所以多级分布式控制系统的计算机网络是异构异质局部子网络的互联。

6.4.3.2 多级分布式控制系统的计算机网络构成

1）子网络

企业主干网把单元设备子网络、企业 MIS 子网络、CAD/CAM 子网络连接起来，就构成了多级分布式控制系统的计算机网络。

（1）单元设备子网络的特点。单元设备子网络把制造单元内的各制造设备互联起来，从而实现单元制造过程的综合自动化。单元内各制造设备的互联通信在它们的主控系统之间进行，并具有以下特点：①生产现场的通信环境恶劣；②是面向过程的机器之间通信，制造设备之间的通信是通过上层实现，一般不直接进行；③通信不允许随机自发地产生，而是按照预先设定的要求，在上层的控制下严格而有序地进行；④通信快速响应性好、延迟时间短和实时性好，通信具有高可靠性；⑤通信距离短。

（2）单元设备子网络的拓扑结构。单元设备子网络常采用以下拓扑结构：

① 星形主从互联（图 6-14）。单元内各制造设备通过点一点连接，连到单元控制器（或工

作站),常用接口标准有 RS-232C、RS-422 等。其通信控制采用主从方式,制造设备间不能自发地直接通信,而必须通过单元控制器进行,主机和从机之间的通信过程完全受主机的通信软件控制。

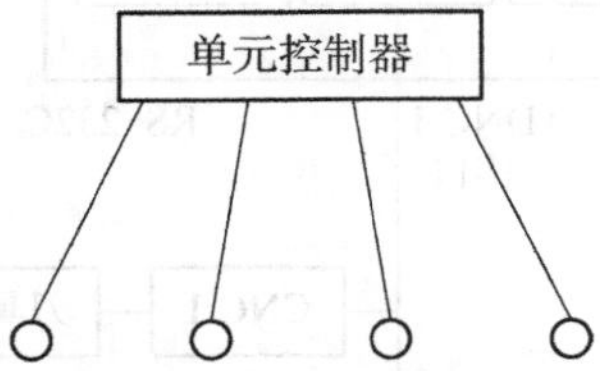

图 6-14 星形主从互联

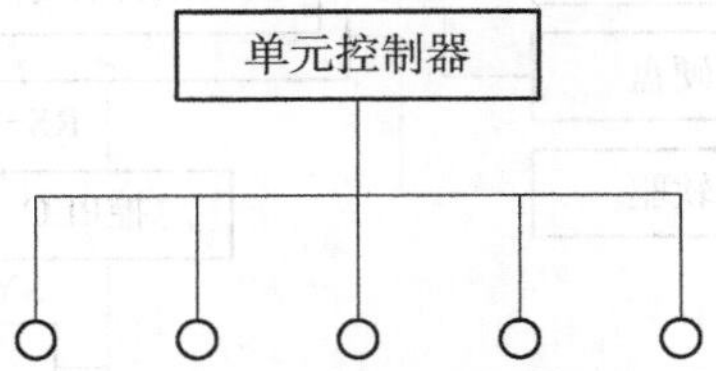

图 6-15 主从总线式互联

② 主从总线式互联(图 6-15)。单元内各制造设备通过共享总线形式互联拓扑,连到单元控制器(或工作站),其通信方式也是主从式。

③ 站点对等式总线型互联(图 6-16)。一条共享总线把制造设备、单元控制器平等地互联起来,位于共享总线上的每一个站点都可以同其他站点自由地通信而不分主从。

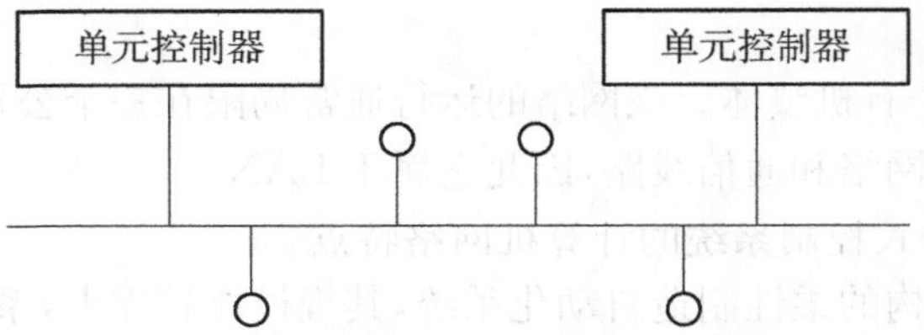

图 6-16 站点对等式总线型互联

(3) 企业 MIS 子网络。由于 MRPⅡ已经被制造业广泛采用,已成为制造企业管理自动化的流行模式。由于商品化的 MRPⅡ软件大多运行在功能强大的终端集中式处理机上,所以企业 MIS 子网络的主体通常是终端—主机网络。

终端—主机网络有两种类型:①采用通信处理机、终端集中器等通信设备,把分散的终端连到主机上;②采用 Ethernet 局域网、终端服务器,把分散的终端连到主机上。

(4) CAD/CAM 子网络。CAD/CAM 子网络常采用以工作站—服务器方式为主的办公自动化类局域网,如 Ethernet 类总线型局域网和令牌环局域网。CAD/CAM 子网络应具备以下性能:①支持两种通信方式,即工作站—服务器通信方式和工作站——y 作站对等式通信方式;②支持多种操作系统下的异种微机联网,如 MS-DOS、UNIX、Windows 等;③具有与大、中型计算机的通信联网能力,支持通用的异种机通信协议标准;④有较高的网络介质数据传送能力。

2) 工厂主干网

(1) 工厂主干网的特点。工厂主干网把担负着企业管理、产品设计、工艺设计和制造等任务的子网络连接起来,其布局要覆盖整个企业,贯穿环境恶劣的制造区域;主干网传输的信息不仅数据类型多、流量大,而且对通信模式和响应速度的要求也各不相同;此外挂连到主干网上的计算机和子网络通常都是异种/异构的。所以主干网是一个异构子网络/异种机的互联网络。

(2) 设计工厂主干网的注意事项。为了保证异构子网络、异种机间的互联性和互操作性，主干网必须标准化，并有很强的通用性，其网络协议标准应具备 ISO/OSI 网络体系结构的七层功能。

为了保证传输信息安全可靠，应选用容量大、传输速度高的网络技术，并使主干网具有较强的承受峰值负荷的能力和适应制造环境的能力。

较大规模的柔性制造自动化系统，多采取分步实施的原则建造，因此应让主干网有充分扩展(延伸和网上站点的增删)的潜力，使其具有较长的技术生命周期。

(3) 工厂主干网的传输介质。主干网的传输介质有三类：基带同轴电缆、宽带同轴电缆(常用作电视电缆)、光纤。

(4) 工厂主干网的网络拓扑和访问控制方法。在主干网上采用的局域网访问控制方法(MAC)和网络拓扑，大体上有三种：以 Ethernet 为典型代表的总线型拓扑和 CSMMCD 控制方式，总线型拓扑和令牌传送控制方式，环型拓扑和令牌传送方式(令牌环)。

(5) 主干网网络协议体系。主干网网络协议体系有三种选择：MAP/OSI 网络协议标准，TCP/IP 网络协议，公司专用网络协议。

3) 多级分布式控制系统的子网络互联

(1) 子网络互联步骤。多级分布式控制系统的计算机网络可以采取以下三个步骤：①把单元设备子网络互联成制造自动化局域网(MAP 网)；②把 MIS 子网络、CAD/CAM 子网络互联成技术与办公自动化局域网(70P 网)；③把 MAP 网与 70P 网互联起来。

(2) 互联 MAP 网。制造自动化协议(MAP)是美国通用汽车公司为解决设备的互联而提出的网络协议，借助 MAP 能有效地在不同厂家生产的计算机、PLC、NC 机床和机器人等设备之间，传送数据文件、NC 程序、控制指令和状态信号。

单元设备子网络借助主干网互联起来，其实现有三种方式：①通过点一点连接和专用通信接口，把单元控制器及其子网络连接担负管理的单元计算机上，进而把单元计算机连接主干网上；②把单元控制器及子网络和单元计算机直接互联到主干网上；③借助网桥/选径器(B/R)或网关(GW)把单元控制器及其子网络连接主干网上。

(3) 互联 TOP 网。技术和办公自动化协议(TOP)是美国波音公司为解决其工厂与工厂、办公室与办公室、工厂与办公室之间所进行的关于飞机部件设计、制造的数据交换而提出的网络协议，借助 TOP 能为不同厂家的计算机和编程设备提供文字处理、文件传输、电子邮件、图形传输、数据库访问和事务处理等服务。MIS 子网络、CAD/CAM 子网络通常集中分布在企业的办公大楼内，因此可以把它们互联成 70P 网，即在制造业中使用的办公自动化局域网。

4) MAP 网与 TOP 网的互联

MAP/TOP 网络是一条通过制定协议标准来实现不同厂家计算机和可编程设备通信互联的合理途径。MAP 和 70P 都基于 ISO/OSI 协议标准，仅物理层、数据链路层和部分应用层有所区别，因此采用网桥/选径器就能实现其互联。

网桥是在数据链路层上实现互联子网络桥接的互联设备。最简单的网桥只能变换子网络数据链路层帧格式中的地址和路径信息，并具有缓冲存储和转发功能；比较复杂的网桥除具有上述功能外，还能完成不同局域网在物理层和数据链路层之间的差异转换，如不同帧格式的变换、不同拓扑结构和物理接口的变换。

选径器(又称“路由器”)是一种比网桥性能更高的网际互联设备，它在网络层(而不是数据链路层)上实现互联功能，因此是一种最灵活、最典型的网际互联设备。

6.4.4 实例

6.4.4.1 柔性制造自动化系统的结构

图 6 - 17 是某公司自动化机械加工厂的平面布置图，3 个 FMS 分担了全部零件的加工任务。FMS1 是大型棱体类零件的柔性加工系统，主机为 4 台不同规格的卧式加工中心，可用来加工机床的床身、立柱和拖板，最大工件尺寸为 2 500 mm×1 500 mm×1 500 mm，RGV 的载重量为 6 t。

FMS2 是中、小型棱体类零件的柔性加工系统，两台卧式加工中心和两台立式加工中心是其主机。工件安装在 500 mm×500 mm 的托盘上，工件及其毛坯存放在 3 层 54 列的立体仓库中，堆垛机的载重量为 t，在立体仓库靠机床的一侧，设置了两个入库口和两个出库口，立体仓库与机床之间的工件交换，借助 RGV 实现，RGV 的载重量为 600 kg。

FMS3 是中、小型回转体零件的柔性加工系统，主机为 3 台 NC 车床和 1 台卧式加工中心，可加工直径为 50～300 mm、长度为 300 mm、重量为 40 kg 的工件，输送工件的任务由 RGV 承担，其载重量为 350 kg。该系统还给每台机床配备了机器人，为其上下工件。

该柔性制造自动化系统还拥有中央刀库及其刀具自动供给设备、冷却液及切屑集中处理设备和大型工件翻转设备等设施。

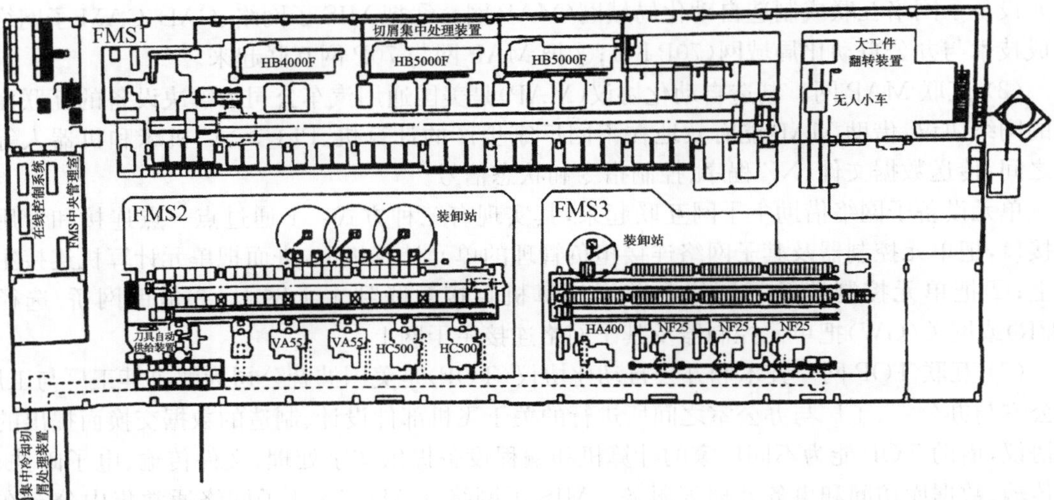

图 6 - 17　自动化机械加工厂的平面布置图

6.4.4.2 系统控制

上述柔性制造自动化系统采用了多级分布式控制方式，图 6 - 18 就是其 FMS2 的控制系统结构图。单元控制器通过网络与各设备的控制装置互联起来，并把 NC 代码、控制指令和准备工序的信息传送给它们，通信电缆还把单元控制器与对 FMS2 进行计划管理的单元计算机连成一体。

FMS1、FMS2、FMS3 和 FMS3 都拥有自己的单元控制器，并与对全厂进行生产管理的上位计算机集成为一体。

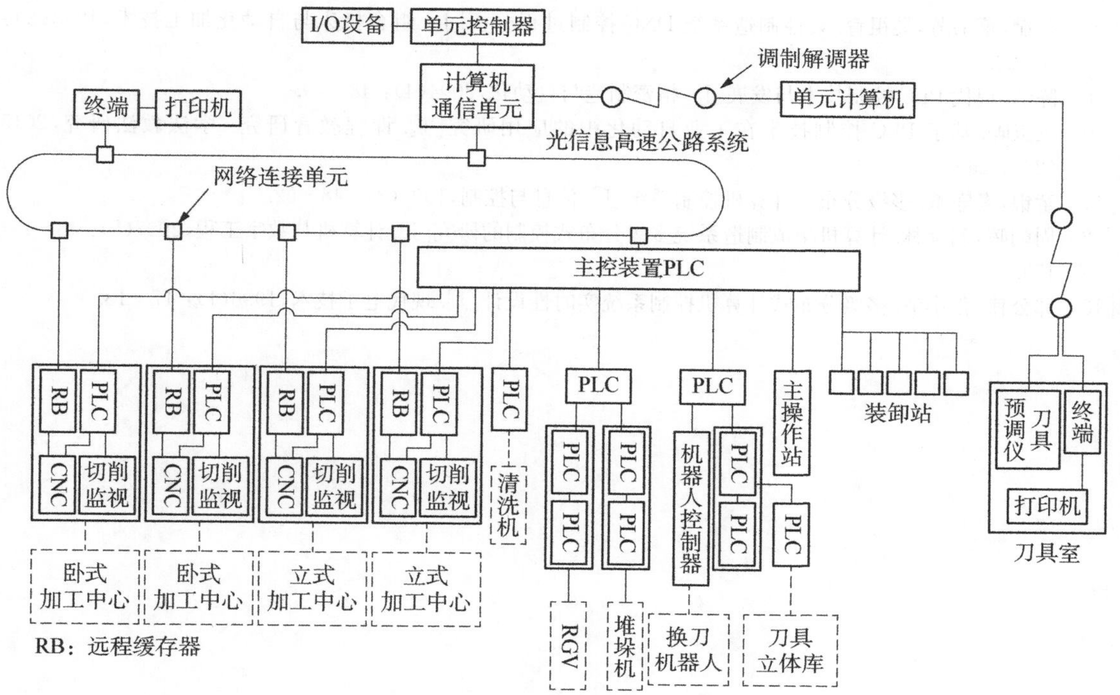

图6-18 FMS2的控制系统结构图

思考与练习

(1) 试阐述控制技术在柔性制造自动化中的地位和作用。
(2) 面向柔性制造自动化,PLC的功能和结构发生了怎样的变化?
(3) 面向柔性制造系统,数控系统的结构和功能发生了怎样的变化?
(4) 柔性制造系统的系统控制有哪几种重要形式?
(5) 试举例说明DNC控制的结构和工作特点。
(6) 多级分布式控制系统的结构特点是什么?试说明各级控制系统的主要职能。
(7) 试举例介绍单元控制器。
(8) 试描述多级分布式控制系统的计算机网络构成及特点。
(9) 多级分布式控制系统如何实现子网络的互联?

参考文献

[1] 张波,段兰兰.柔性制造自动化技术及其应用探究[J].时代农机,2012,39(11):71.
[2] 殷安文,陈君宝.制造自动化技术在柔性生产线上的应用[J].金属加工(冷加工),2015(23):4-16.
[3] 宋华振.自动化技术与柔性生产的融合[J].自动化博览,2014(8):72-74.
[4] 刘兆亮.基于PLC控制的柔性生产线中自动分拣系统的研究[D].武汉:湖北工业大学,2017.
[5] 王宁生.柔性制造系统(FMS)综述[J].工业控制计算机,1990(5):3-6.
[6] 李进生.柔性制造系统PLC控制技术的优化和设计[J].制造业自动化,2012,34(21):154-156.
[7] 代志军,王克勇.DNC通讯控制技术[J].电讯工程,1992(3):35-56.

[8] 孙斌,董书芳,吴祖育. 柔性制造系统 DNC 控制过程分析[J]. 组合机床与自动化加工技术,1998(2):20-26.
[9] 陈洁. 现代 PLC 控制技术与发展[J]. 精密制造与自动化,2004(4):48-49.
[10] 王玉晔. 基于 PLC 控制技术在工业自动化中的应用研究[J]. 课程教育研究:学法教法研究,2015(29):256.
[11] 童锟,秦守敬. 多级分布式计算机控制系统[J]. 信息与控制,1990(3):48-52.
[12] 周朝晖,刘延林. 计算机集成制造系统多级分布式控制的研究[J]. 计算机与数字工程,2007(8):48-49,153.
[13] 邱公伟,张小清. 多级分布式计算机控制系统实时性设计[J]. 现代电子技术,1996(1):17-18.

第 7 章

工业机器人在柔性制造系统中的应用

7.1 工业机器人应用及性能简介

工业机器人由控制系统、机械手及手持操作编辑器组成。相较于人工，机器人具有快速精准、自由灵活、工作空间需求低、工作范围广、成本低和效率高等优点，所以工业中机器人常被用来代替人工做码垛拆垛、焊接、喷涂和搬运等工作。

工业机器人综合实训装置共有五个模块组成，分别为模拟焊接、模拟搬运、模拟注塑、码垛拆垛及七巧板拼图。这五个模块由浅入深，从机器人的控制、运动到机器人的编程、算法都包含在内。工业机器人如图 7 - 1 所示。

图 7 - 1　工业机器人

RRK - 1410 机器人综合实训平台是以工业生产中的工业机器人自动化生产线为原型开发的教学、实验和实训综合应用平台。综合实训平台包含工业机器人、智能码垛系统、模拟注塑机系统、模拟焊接系统、计算机视觉系统和工装夹具系统，实训装置涉及的技术包括工业机器人技术、PLC 控制技术、触摸屏技术、传感器检测技术、气动技术、运动控制技术、机械结构与系统安装调试、故障检测技术、计算机控制技术及系统工程等。RRK - 1410 机器人综合实训平台如图 7－2 所示。

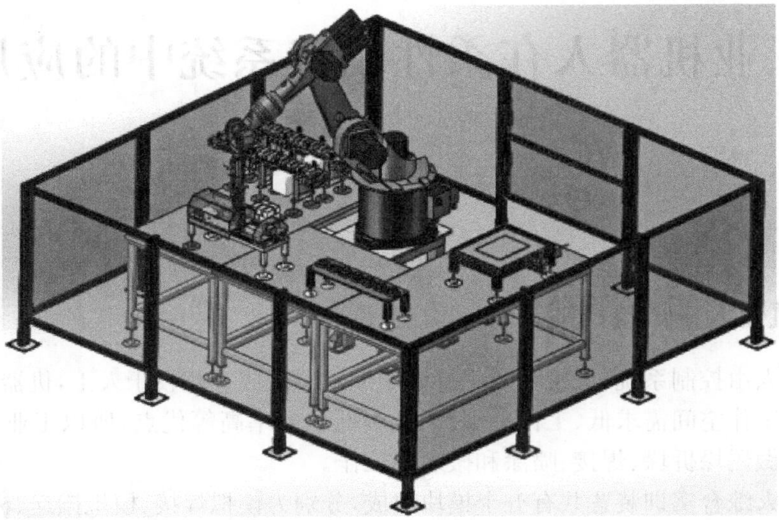

(a)

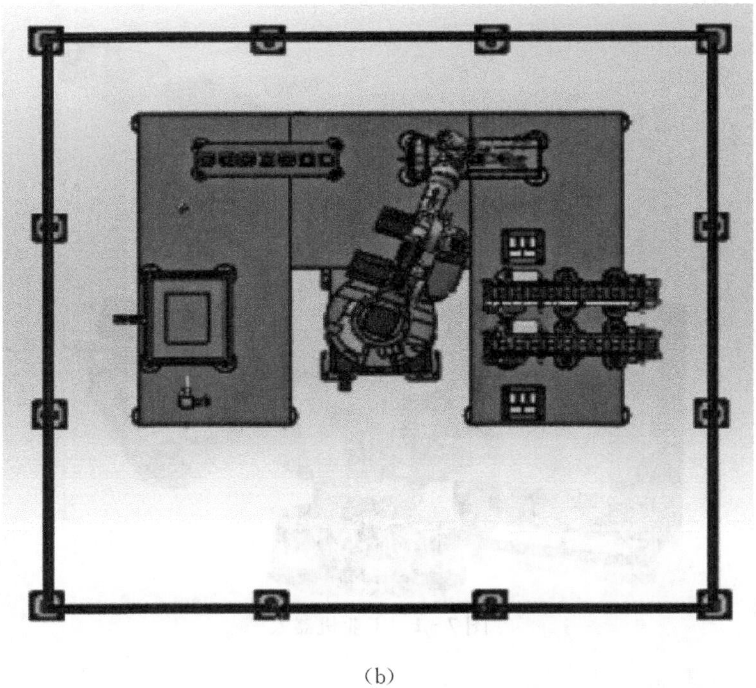

(b)

图 7－2 RRK－1410 机器人综合实训平台

工业机器人综合实训装置可满足当地汽车制造、机械加工和物流等制造业中对工业机器人应用训练的需求(如工件搬运、码垛、弧焊、装配和喷涂等)，可用于学员学习机器人示教操作、编程及维护等。

RRK－1410机器人综合实训平台主要功能是实现七巧板拼装、码垛、注塑和弧焊演示。尽可能通过机械手实现自动化，提升作业效率、作业安全性。机器人作业流程见表7－1。

表7－1 机器人作业流程

序号	工序名称	设备号	工作内容	工作方式
1	机械手放料	库卡机械手，码垛输送线，机器人组合夹具	通过库卡机械手夹取码垛工件，与码垛输送线配合完成码垛工件均匀摆放在输送线上	自动放料
	机械手码垛		库卡机械手夹取码垛工件将其按标准垛型摆放在码垛工位	自动码垛
2	人工放料	模拟注塑机	人工取合格和不合格工件放入料桶，通过注塑机将工件单个输出，模拟注塑机构	人工放料 自动模拟
	自动抓取	库卡机械手，机器人组合夹具	通过库卡机械手抓取注塑工件，将其放到检查台，等待检查	自动抓取
	相机检测	相机变位机构	通过相机检测工件外形轮廓和颜色是否合格	自动检测
	自动抓取摆放	库卡机械手，机器人组合夹具	通过库卡机械手将合格或不合格工件摆放到对应位置	自动分项摆放
3	相机识别七巧板	相机变位机构	通过相机变位机构将检测相机移动到固定位置，通过相机识别七巧板位置和形状数据	自动识别
	七巧板拼图	库卡机械手，机器人组合夹具	库卡机械手根据相机识别数据抓取七巧板，在通过上位机拼图数据完成七巧板拼图	智能拼图
4	模拟点焊	库卡机械手，模拟焊枪	人工更换模拟焊枪，通过机器人运行轨迹模拟点焊工艺	模拟点焊
	模拟焊接		人工更换模拟焊枪，通过机器人运行轨迹模拟直线焊工艺	模拟焊接

7.2 工业机器人控制技术

工业机器人主要是应用于工业生产环节中的控制系统，目前以其AI智能程度只能大范围应用于较为系统、规律的工作流程，还无法进行高难度的工程操作，因此就需要针对其工业机器人的运动控制系统进行着重研究。本节就以工业机器人运动控制进行探讨。

7.2.1 运动控制技术

工业机器人整个最核心的价值体现就是运动控制，其控制系统在机器人体内的地位相当于大脑在人类体内的地位，其控制系统的好坏可以直接决定机器人的性能和功能。运动控制技术发展至今，其关键技术主要包括有开放性模块化的控制系统体系结构、机器人的故障诊断和安全维护技术、模块化层次化的控制器软件系统和网络化机器人控制器技术等。

运动控制方面的主要技术就是开放性模块化的控制系统体系结构，该结构采用了分布式的CPU计算机结构，大致分为运动控制器、机器人控制器、光电隔离I/O控制板、编程式教盒和传感器处理板等。其中的机器人控制器通过计算机可以进行相关的运动规划、编程式教盒可以完成相关信息的显示和按键的输入等工作，插补和位置伺服及主控逻辑、数字I/O和传感器处理等，从上述信息，我们可以看到工业机器人运动控制在工业生产中是尤为重要的。

在研究领域，还没有一个针对工业机器人控制系统开放性的权威公认的定义。对于开放性，IEEE曾经做出过这样的定义表述，在不同平台之间，系统在应用的时候能够自由地进行移植，而且能够与其他系统实现相互交互，为用户提供的交互方式是一致的。对于开放性系统，库卡机器人集团创始人也曾经进行过定义。开放性系统，计算机和操作系统运行环境是商业化的标准，同时计算机和操作系统硬件及软件接口具有开放性，而且计算机与操作系统的控制器也应当具备开放式的结构，呈现出标准化模块化的特征。也就是说，用户在使用过程当中，对机器人仅需通过简单的指令就能够进行操作。与此同时，在工序发生变化的情况下，对于系统也能够以最小的代价最短的时间进行修改，通过这种修改，能够对新的需求予以满足。

在与机器人有关的研究课题当中，控制系统一直以来是一个非常热门的研究课题。近年来，对于机器人的研究主要聚焦于其自身技术及功能。随着在工业生产过程中，机器人应用的广泛性不断增强，对于工业生产系统而言，机器人已经成了一个非常重要的标准部件，将生产线上的各种设备的控制系统通过互联网或者工业总线进行有效的连接。对于现在生产装备而言，形成一个具有综合性全面性的控制系统，成为了一种重要的发展趋势。这对于整个控制系统信息数据的流通传递共享起到了显著的作用。但是，现代工业生产过程中，由不同厂家的设备组成生产设备，当前要将大部分设备综合在一起，形成一个综合全面的自动化的系统存在着比较大的困难。因此，在当前的工业生产过程中，设备的开放性是一个备受关注的话题。除了受自身技术发展影响之外，工业机器人控制系统的开放性还受其他因素的影响制约。整体上来看，主要有两个因素会影响到其开放性。

(1) 开放的自动化设备。控制器在工业生产系统当中，会给用户生产者诸多好处，包括可扩展、可联网和可移植等。

(2) 控制系统开放程度增强的可行性随着当前计算机互联网技术商品化水平的提升而不断增强。

迄今为止，针对所谓机器人控制系统的开放性还没有形成一个明确的具有权威性、统一性的定义。整体上来看，开放式主要体现在可扩展性、互操作性、可移植性和可增减性四个方面。

(1) 可扩展性指的就是第三方设备生产者能够增加硬件设备和软件设备，使得功能得到扩充。

(2) 互操作性指的就是控制器的核心部分，能够与外界的一个计算机或者多个计算机进行信息的交换。

(3) 可移植性指的是在不同的环境下，机器人的应用软件能够相互之间进行移植。

(4) 可增减性指的是在实际需求的基础上，机器人系统的性能及功能能够非常便捷化的进行增减。

如果要实现上述特性和要求，那么计算机控制系统的硬件应当是标准化的体系结构具有开放性界面。

工业机器人控制系统的开放性是必须的，其原因如下：

(1) 是出于机器人技术发展趋势及发展方向。

(2) 是出于工业机器人应用的工业领域自动化发展需求。

不论是从技术实现的可能性角度来看，还是从技术成本角度来看，追求严格意义上的开放性体系结构是没有必要的。目前，在工业生产过程当中，机器人系统的数量不仅非常庞大，而且技术进步速度也是令人瞠目结舌。要制定一个完全的绝对的开放标准，是根本没有办法实现的。现阶段在工业机器人控制系统领域，探讨和研究的重点是可行的控制系统开放式结构，使得控制系统的开放程度在现有计算机技术及信息技术发展成果的基础上，进一步提升。

7.2.2　运动规划技术

工业机器人运动学需要从机器人的几何结构和正向、逆向运动学等方面研究机器人的运行特性，而不考虑力和力矩在运行过程中的影响。

机器人的正向运动学问题是指在已知机器人各个连杆的长度和关节变量的条件下，对机器人末端执行器的位置和姿态进行求解；而逆向运动学问题是指在已知机器人末端执行器的位置和姿态及各个连杆长度的情况下，对机器人所有的关节变量(关节角度或移动距离)等进行求解。

通过D-H参数法求解正向运动学问题，需要建立运动学模型；工业机器人的逆向运动学问题，需要通过解析法进行逆向推导，建立运动学模型。工业机器人运动学建模需要处理以下几个问题：杆件间关系确定扭角、连杆长度、相邻杆法线间距离及坐标系转换；基于多项式的轨迹规划说的是已知初始点和终止点关节角度参数时，利用三次多项式插值算法或五次多项式插值算法，确定各关节变量与时间关系的平滑插值函数。

7.2.3　视觉分析技术

工业机器人视觉分析技术是机器人对未知环境获取的一个主要途径，机器人视觉技术可以通过视觉传感器获取一些二维的图像，并通过视觉传感器进行分析和计算，把图像转变为某个符号或者是相应的数据再通过计算机执行出来。让机器人识别相应的物体，和物体所在坐标对其进行工作。现在的视觉技术基本上都是根据图像中的明暗来进行处理信息，而不是根据距离的信息进行，这种的视觉系统都是二维的。随着现在科技的不断进步，三维的视觉系统也逐渐地被开发出来，供机器人来使用。从视觉传感器上面传出的图像，一般都是下载到计算机上，计算机在对传输的数据进行分析计算再回馈机器人。通过计算机的一些编程软件来对机器人进行开发，最终让机器人获得一个完美的视觉系统。

工业机器人的视觉分析技术的一个发展趋势就像3D技术和嵌入式处理器。3D的视觉技术最初诞生于实验室，应用照明系统和计算机技术产生，如今3D视觉技术已经多方面应用，比如通过视觉系统机器人进行高进度的行走和零件拾取等。嵌入式处理器则让3D视觉技术标的更加精准，在医疗方面已经在3D和嵌入式处理的双重组合下形成了机器人进行高进度的激光手术。目前，工业机器人的视觉分析技术并不是简单的，它需要根据不同的领域和不同的环境进行设计实现，需要科研人员共同努力，争取早日实现工业机器人视觉分析的真正智能化。

7.2.4 机器人与 PLC 连接

(1) PLC 控制下的工业机器人组装系统状况包括三个方面的内容：①系统总体设计；②系统结构设计；③这一部分介绍了具体的系统应用。接下来将展开具体分析。工业机器人系统有较多的组成部分，比如执行系统、控制系统和感知系统等，不同的系统之间需要发挥不同的作用，控制系统在所有的系统当中发挥着不可替代的作用，决定着工业机器人的运行状况。

(2) 系统结构设计分为三个方面的内容，分别是驱动系统、控制器选择与控制系统，①驱动系统一般情况下需要借助电动机来完成运行工作，工业机器人才可以完成运动；②控制器的运行状况在很大程度上决定了机器人本身的性能；③控制系统可以满足工业机器人的作业要求。系统总体设计与系统结构设计的存在可以解决工业机器人系统在运行过程当中出现的问题，PLC 技术不断地发展改进，与互联网结合更加紧密，工业机器人也得到了一定完善。

(3) 基于 PLC 控制的工业机器人系统的应用措施有两个方面的内容：①完善工业机器人控制硬件设计工作；②合理科学地运用 PLC 技术。工业机器人在工作的过程当中，其搬运或者装配的能力需要得到一定的关注，这就需要引用 PLC 技术，才可以有更大程度地发展。在 PLC 技术发挥作用的情况下，各个装置之间会更加默契的配合，这种控制方法也会具有一定的特殊状况。具体的工作安排可以有更加详细的规定。

(4) 合理科学运用 PLC 技术可以分为三个方面的内容：①在工业机器人具有一定独立性的情况下，可以借助 PLC 技术推动工业机器人的合理发展；②对运行工作进行一定的编制工作，然后可以引入一些未知数完成任务；③将 PLC 技术应用到工业机器人系统当中，实现具体的控制。

基于 PLC 控制的工业机器人系统的应用措施包括完善工业机器人控制硬件设计工作与合理科学运用 PLC 技术。基于 PLC 控制的工业机器人系统会得到更加顺利的发展。

7.3 基于视觉检测手眼装配技术的应用

1) 应用目的

(1) 熟悉机器人的控制与编程。

(2) 了解视觉分析概念、功能及实现机制。

(3) 掌握机器人七巧板拼图程序的控制思路。

2) 控制要求

(1) 机器人运动流畅且曲线平滑。

(2) 吸盘吸取、放置七巧板稳定且无移动。

(3) 七巧板识别准确，抓取稳定。

(4) 指令使用正确、流程无逻辑冲突。

3) 应用设备

库卡机器人、负载工具吸盘、七巧板 1 套、计算机和气泵。

4) 机器人点表(表 7 - 2)

表 7-2　机器人映像区配置点表

Robot IN	PLC OUT	地址	注释
$IN49	49 INPUT	Q106.0	订单解析完成通知 RT 去拍照
$IN50	50 INPUT	Q106.1	拍照信息解析完成通知 RT 去取料
$IN51	51 INPUT	Q106.2	通知 RT 拼图完成标志
Robot OUT	**PLC IN**	**地址**	**注释**
$OUT121	121 OUTPUT	I115.0	大吸盘动作
$OUT122	122 OUTPUT	I115.1	小吸盘动作
$OUT141	141 OUTPUT	I117.4	到达零位通知 PC 发订单
$OUT142	142 OUTPUT	I117.5	到达拍照位通知相机拍照
$OUT143	143 OUTPUT	I117.6	RT 接收取料为坐标信息完成
$OUT144	144 OUTPUT	I117.7	七巧板单次拼图完成标志
$OUT145	145 OUTPUT	I118.0	七巧板程序初始化
$OUT146	146 OUTPUT	I118.1	七巧板拆卸完成标志
$OUT147	147 OUTPUT	I118.2	七巧板拼图完成标志

5）PLC 控制流程图(图 7-3)

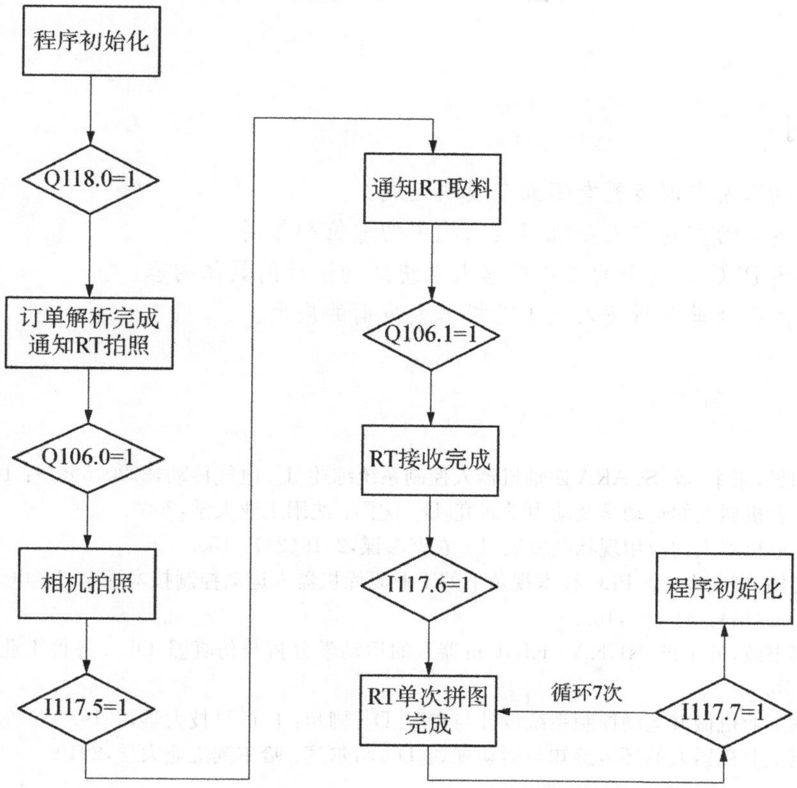

图 7-3　PLC 控制流程图

6）机器人控制流程图（图 7-4）

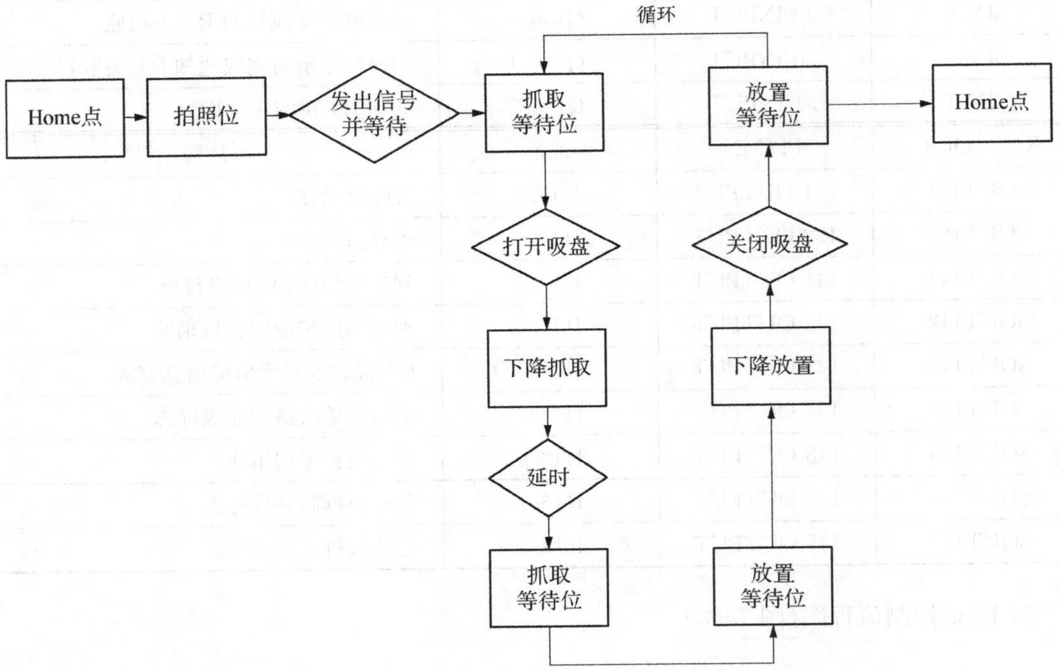

图 7-4　机器人控制流程图

思考与练习

（1）工业机器人实训装置有哪五个模块组成？

（2）试阐述运动控制在工业机器人系统中的地位和作用。

（3）试阐述 PLC 控制下的工业机器人系统结构设计的具体内容。

（4）举例说明视觉分析技术在工业机器人方面的应用。

参考文献

[1] 杨明，张如昊，张军，等. SCARA 四轴机器人控制系统综述[J]. 电气传动，2020，50(1)：14-23.

[2] 叶长龙. 工业机器人的运动学及动力学研究[D]. 沈阳：沈阳工业大学，2002.

[3] 朴圣艮. 工业机器人的应用现状及发展[J]. 农家参谋，2019(23)：155.

[4] 李会，靳宏伟，李文生，等. PLC 技术视角下的工业码垛机器人运动控制技术探索[J]. 电子元器件与信息技术，2019，3(11)：94-95，102.

[5] 曹启贺，邱书波，韩丰键. KUKA-KR16 机器人的运动学分析与仿真[J/OL]. 齐鲁工业大学学报，2019(5)：35-40.

[6] 齐杨. 六轴工业机械臂运动控制系统设计与实现[D]. 柳州：广西科技大学，2019.

[7] 滕军. 智能工业机器人的环境感知与运动规划[D]. 哈尔滨：哈尔滨工业大学，2019.